牛肉质相关候选基因间
作用机制的分析研究

杨又兵　张全有　杨向毅　著

中国水利水电出版社
www.waterpub.com.cn
·北京·

内 容 提 要

肉类对发达国家的经济及人类的营养具有重要作用。

本书对牛肉质相关候选基因间作用机制进行了研究，利用韩牛肌卫星细胞培养系统进行了一系列实验，探讨了卫星细胞在肌管中参与增殖、分化、缺氧、凋亡、骨骼肌萎缩和脂质积聚的时作用机制；并对 CAPN1 基因和 CASP9 基因在牛骨骼肌形成中的功能作用进行了一系列的研究。

本书结构合理，条理清晰，内容丰富新颖，可供相关研究人员参考使用。

图书在版编目(CIP)数据

牛肉质相关候选基因间作用机制的分析研究/杨又兵，张全有，杨向毅著. —北京：中国水利水电出版社，2018.10（2024.1重印）

ISBN 978-7-5170-7057-3

Ⅰ.①牛… Ⅱ.①杨… ②张… ③杨… Ⅲ.①肉牛—基因—研究 Ⅳ.①S823.9

中国版本图书馆 CIP 数据核字(2018)第 251872 号

书　　名	**牛肉质相关候选基因间作用机制的分析研究** NIU ROUZHI XIANGGUAN HOUXUAN JIYIN JIAN ZUOYONG JIZHI DE FENXI YANJIU
作　　者	杨又兵　张全有　杨向毅　著
出版发行	中国水利水电出版社 (北京市海淀区玉渊潭南路 1 号 D 座 100038) 网址：www. waterpub. com. cn E-mail：sales@waterpub. com. cn 电话：(010)68367658(营销中心)
经　　售	北京科水图书销售中心(零售) 电话：(010)88383994、63202643、68545874 全国各地新华书店和相关出版物销售网点
排　　版	北京亚吉飞数码科技有限公司
印　　刷	三河市华晨印务有限公司
规　　格	170mm×240mm　16 开本　11 印张　197 千字
版　　次	2019 年 3 月第 1 版　2024 年 1 月第 2 次印刷
印　　数	0001—2000 册
定　　价	53.00 元

前　言

肉类对发达国家的经济及人类的营养具有重要作用。日益增长的物质需求要求食品生产商在确保饮食质量、营养价值和安全方面提供更高的标准。肉品质量的概念在不断发展和变化，包括多样性、饮食质量、营养价值和安全以及环境和动物福利方面。到目前为止，大多数韩国消费者更喜欢韩牛牛肉，而不是进口牛肉，因为他们认为，韩牛牛肉的多汁性和风味优于进口牛肉。一般来说，消费者对优质牛肉的要求取决于牛肉的大理石花纹（或肌内脂肪）、肉的颜色、硬度和质地。而肌肉纤维特性影响肉的颜色、保水能力、肌内脂肪组织和肉的质地等品质特征。骨骼肌的再生能力被认为是有限的，这是由于其起源于一个特定群体的成体干细胞即卫星细胞。这些肌细胞起源于胚胎发育过程，骨骼肌通过其终末分化和融合形成多核肌管，形成收缩肌纤维。每一种肌肉纤维都由肌原纤维蛋白构成，负责能量的产生。每一种纤维都与一群能够分裂和融合肌肉纤维的自我更新卫星细胞相关联。肌卫星细胞为评估与肌肉发育相关的候选基因和与肉质相关的蛋白水解酶的功能提供了一个很好的模型。

本书分为两个篇幅。第一篇中作者利用韩牛骨骼肌卫星细胞培养系统中进行了一系列实验，探讨了卫星细胞在肌管中参与增殖、分化、缺氧、凋亡、骨骼肌萎缩和脂质积聚的时作用机制。

第一项实验研究了 μ-钙蛋白酶、钙蛋白酶、HSP、caspase 和蛋白质组在叠氮钠（NaN_3）缺氧诱导的肌生成和细胞死亡中的作用。主要是从韩牛背最长肌组织中分离出卫星细胞，并在实验室进行培养。1mM 叠氮钠（NaN_3）诱导的化学缺氧可引起细胞凋亡。将细胞样品分为 3 期：卫星细胞形成融合单层（第 1 期）；第 1 期细胞在分化后第 8 天融合成肌管（第 2 期）；第 2 期细胞用 1mM 叠氮钠（NaN_3）处理 24h（第 3 期）。在我们设定的培养环境下，成熟的韩牛肌卫星细胞有分化为多核细胞的潜能。实时 RT-PCR 结果显示，与第 1 期细胞相比，第 2 期细胞 CAPN1、钙蛋白酶抑制蛋白、CASP 7 和 CAD 9 mRNA 表达增强。western blotting 结果显示，第 2 期细胞 caspase 3、caspase 7、caspase 8、caspase 9 活性较第 1 期细胞升高。实时 RT-PCR 结果显示，与 2 期细胞相比，3 期细胞 CAPN1、钙蛋白酶抑制蛋白、CASP7、HSP70、HSP90 表达增加，CARD9 的 mRNA 表达降低。与第 2 期相比，第 3 期标本 caspase 7 和 caspase 12 活性明显升高，同时 HSP70 和 HSP90 的表达量也明显增加，这与 Western blotting 在缺氧条件下的结果一致。从中我们推断出 caspase 7、caspase 12、HSP70 和 HSP90 参与了缺氧条件下细胞凋亡的过程。

钙蛋白酶是一类钙依赖性的半胱氨酸蛋白酶，在细胞死亡和细胞信号传递中起重要作用，而钙蛋白酶在肌细胞生长过程中是否在细胞凋亡方面起着重要的作用尚不清楚。同时，caspase 催化细胞蛋白质的大量水解，这是细胞凋亡的主要原因之一。目前还没有关于 caspase 是否在韩牛肌细胞发育或分化过程中起作用的数据。在以前的研究中，我们发现 caspase 9 在卫星细胞增殖和分化为肌管过程中的表达量显著增加。为了继续我们之前的实验，第二项实验旨在利用 RNA 干扰介导的沉默技术来表达 μ-钙蛋白酶和 caspase 9 的功能，并观察卫星细胞生长过程中 caspase 基因 mRNA 的表达水平。当卫星细胞汇合至 80％时，分别用 μ-钙蛋白酶的双链 21-聚体干扰小 RNA 和 caspase 9 处理。转染 48h 后取出样品，用实时 RT-PCR 法检测 mRNA 表达。我们的结果表明，干扰小 RNA 介导的卫星细胞 μ-钙蛋白酶表达下调导致 caspase 3 和 caspase 7 的表达下降，提示 μ-钙蛋白酶与 caspase 系统之间存在交叉作用。此外，干扰小 RNA 介导的抑制 caspase 9 在卫星细胞中的表达导致 caspase 7 的表达下降。我们认为，通过敲除靶基因如 μ-钙蛋白酶或 caspase 9 来减少效应 caspase，同时 caspase 3 和 caspase 7 将控制细胞凋亡，从而最终增加肌细胞增殖过程中纤维的大小，并可能具有真正的潜力来治疗骨骼肌的萎缩。

虽然许多研究旨在了解卫星细胞在动物出生后肌发育中的作用，以及控制这些细胞增殖和分化的机制，但是肉牛肌肉卫星细胞中还不知道是否会发生脂肪分化。第三项实验研究了过氧化物酶体增殖物激活受体 γ 激动剂曲格列酮，对韩牛肌卫星细胞增殖、分化和肌管脂质积累的影响。为此，从韩牛背长肌中分离出卫星细胞，并在实验室进行培养。当卫星细胞在接近汇合前培养时，用融合培养基（含 2％HS 的 DMEM）代替生长培养基（含 15％FBS 的 DMEM），用 5μmol/L、10μmol/L、50μmol/L 的曲格列酮处理细胞 0～15d。我们的研究结果表明，用曲格列酮处理韩牛肌肉卫星细胞，能促进其分化为脂肪样细胞，甘油脂积累显著增加。实时 RT-PCR 结果表明，曲格列酮不仅增加了韩牛肌卫星细胞脂肪转录因子的表达，而且显著增加了 CAPN1 基因在这些细胞中的表达。在此，我们假设 CAPN 1 基因参与了肌源性和成脂性分化程序之间的平衡，这种平衡在卫星细胞向脂肪细胞分化过程中可能发生改变，特别是在病理条件下。我们的研究结果将有助于加强对肌源性卫星细胞外部调控的认识，这是在卫星细胞进行转分化形成其他类型细胞的过程中，增加肌内脂肪细胞数量的第一步。

在第一篇中综述了肉牛骨骼肌卫星细胞的概况及其对肉牛出生后肌肉生长的贡献，并详细研究了利用分子标记鉴定肌卫星细胞的方法。同时研究了影响屠宰后骨骼肌卫星细胞的分子生物学因素，包括钙蛋白酶系统、caspase 系统、组织蛋白酶和热休克蛋白。最后对韩牛肌源性卫星细胞的可塑性和转分化进行了研究，同时对肉牛骨骼肌卫星细胞及相关肉质候选基因作用机制的研究进展进行了比较系统地研究和阐述，期望对利用肉牛骨骼肌卫星细胞培养系统在动物生产和肉品质评估方面提供一定的参考价值。

在第二篇中，主要以鲁西黄牛为对象，对 CAPN1 基因和 CASP9 基因在牛骨骼肌形成中的功能作用进行了一系列的研究。研究发现，钙蛋白酶Ⅰ(CAPN1)基因和凋亡相关基因 caspase-9(CASP9)是与骨骼肌生长发育密切相关的两个重要基因。以牛骨骼肌卫星细胞为研究对象，并选取与骨骼肌生长发育相关的候选基因来研究肉品质，正成为肉品质研究的新方向，将会有效促进肉品质的改善。

本篇研究中采用 0.1%的Ⅰ型胶原酶和 0.25%的胰蛋白酶联合使用的两步酶消化法成功分离并提取出牛原代骨骼肌卫星细胞。并在体外成功培养了骨骼肌卫星细胞，通过绘制细胞生长曲线发现细胞生长状态较好，也成功对其进行纯化、冷冻保存与复苏以及相应的诱导分化，细胞在传代至第3～4代时纯度高，且传代培养后和细胞复苏后的细胞生物学特性稳定。

通过免疫细胞化学染色技术成功鉴定了牛骨骼肌卫星细胞，牛骨骼肌卫星细胞表面标志均呈阳性表达，符合其标志物的表达特性。通过反转录 PCR 检测技术，根据凝胶电泳结果显示其亮度情况，表明经过传代培养后，牛骨骼肌卫星细胞在体外扩增培养仍能具有骨骼肌卫星细胞的特性。

在本篇研究中发现钙蛋白酶系统成员 CAPN1 和 CAPN3 以及半胱天冬酶系统成员 CASP3、CASP7 和 CASP9 均能够在牛骨骼肌卫星细胞中表达，随着牛骨骼肌卫星细胞的增殖分化，它们的表达量均处于变化中，这就表明 CAPN1 基因和 CASP9 基因均在肌生成的进程中扮演着不可或缺的角色。同时，我们发现 CAPN1 基因和 CASP9 基因在骨骼肌卫星细胞中的表达量情况与其在骨骼肌肌肉组织的表达量情况无相关性，所以，我们认为骨骼肌卫星细胞生长发育的进程与宰后肌肉组织嫩化的进程不相关，并且这些基因的表达量变化并不能反映它们在肌肉组织中的变化情况。

通过组织切片技术对不同年龄段的鲁西黄牛的肌纤维直径进行测定分析，研究结果表明随着鲁西黄牛年龄的增长，其肌纤维直径也在显著的增长。同时采用实时荧光定量 PCR 技术对不同年龄段的鲁西黄牛的背最长肌中 CAPN1 和 CASP9 的 mRNA 表达情况进行分析，并将其与肌纤维直径进行相关性分析，研究结果表明 CAPN1 基因 mRNA 的表达与肌纤维直径存在显著负相关，而 CASP9 基因 mRNA 的表达与肌纤维直径呈正相关，但不显著。

在本篇研究中建立起了牛骨骼肌卫星细胞分离和纯化的方法，建立起牛骨骼肌卫星细胞的体外扩增培养体系。获取了 CAPN1 基因和 CASP9 基因在牛肌肉生长发育过程中 mRNA 的表达规律及变化趋势，并获得了 CAPN1 基因和 CASP9 基因 mRNA 的表达与肌纤维直径间的关系，在理论上为阐明牛骨骼肌生长发育的分子机理和相关候选基因的网络调控机制提供重要的数据支撑。

本书由杨又兵（河南科技大学）、张全有（洛阳市栾川县畜牧局）、杨向毅（洛阳市栾川县畜牧局）共同写作，字数分配如下：杨又兵 14.7 万字，张全有 2.5 万字，杨向毅 2.5 万字。

本书出版获国家自然科学基金委员会—河南省人民政府人才培养联合基金（项目编号：U1304324）的资助，在此表示衷心的感谢！

本书在撰写过程中，参考了一些文献和书籍，引用了一些数据和图表，在此向这些文献作者、专家和编辑一并表示衷心的感谢。由于作者水平有限，加上现在学科迅猛发展，学科间的相互渗透不断加强，因此本书还存在不妥或者不少错误，诚望各位读者和专家对本书的不当之处提出批评和指正。

作者
2018 年 6 月 30 日

目 录

第一篇 利用韩牛骨骼肌卫星细胞建模研究肌形成和肉质相关候选基因的作用机制

第1章 总 论 …… 3

1.1 骨骼肌卫星细胞在动物出生后肌肉发育生长过程中的作用 …… 4

1.2 卫星细胞分子标记 …… 5

1.3 动物屠宰后早期的肌肉采样影响骨骼肌卫星细胞活性的分子生物学因素 …… 7

1.4 可塑性与肌源性卫星细胞的转分化 …… 13

1.5 卫星细胞培养系统在畜禽生产和肉质生产中的应用 …… 15

第2章 建立骨骼肌卫星细胞模型研究的具体目标 …… 17

第3章 实验一:肌肉品质相关蛋白水解酶在韩牛原代骨骼肌卫星细胞的融合和缺氧过程中变化规律的研究 …… 19

3.1 研究背景介绍 …… 19

3.2 材料与方法 …… 20

3.3 统计分析 …… 31

3.4 结果 …… 31

3.5 讨论 …… 36

3.6 结论 …… 40

第4章 实验二:靶向性抑制韩牛骨骼肌卫星细胞中μ-calpain和caspase 9基因的表达及其对caspase 3和caspase 7基因表达的互作效应研究 …… 41

4.1 研究背景介绍 …… 41

4.2 材料与方法 …… 42

4.3 统计分析 …… 44
4.4 结果 …… 44
4.5 讨论 …… 50
4.6 结论 …… 52

第 5 章 实验三:PPARγ 激动剂曲格列酮对韩牛肌卫星细胞增殖、分化及肌管脂质积累的影响 …… 54

5.1 研究背景介绍 …… 54
5.2 材料与方法 …… 55
5.3 统计分析 …… 57
5.4 结果 …… 58
5.5 讨论 …… 64
5.6 结论 …… 66

第 6 章 关于本细胞模型研究的一些思考:当前研究的局限性和未来的发展方向 …… 67

6.1 总体讨论 …… 67
6.2 当前研究的局限性及未来发展方向 …… 70

参考文献 …… 72

第二篇 CAPN1 基因和 CASP9 基因在牛骨骼肌形成中的功能作用研究

第 7 章 文献综述 …… 97

7.1 骨骼肌卫星细胞 …… 97
7.2 钙蛋白酶系统 …… 101
7.3 半胱天冬酶系统 …… 104
7.4 钙蛋白酶系统与半胱天冬酶系统的网络关系研究概况 …… 106
7.5 肌肉调节因子基因家族 …… 108
7.6 钙蛋白酶系统与肌肉嫩度的关系 …… 109
7.7 研究意义 …… 110

第 8 章 牛原代骨骼肌卫星细胞的分离提取与培养 …… 111

8.1 实验材料 …… 111

8.2 实验方法 …… 113
8.3 结果 …… 116
8.4 讨论 …… 119
8.5 本章小结 …… 123

第 9 章 牛骨骼肌卫星细胞的鉴定 …… 124

9.1 实验材料 …… 124
9.2 实验方法 …… 125
9.3 结果 …… 129
9.4 讨论 …… 131
9.5 本章小结 …… 132

第 10 章 CAPN1 基因和 CASP9 基因在牛骨骼肌形成中 mRNA 表达特性分析 …… 133

10.1 实验材料 …… 133
10.2 实验方法 …… 134
10.3 结果 …… 137
10.4 讨论 …… 142
10.5 本章小结 …… 144

第 11 章 CAPN1 基因和 CASP9 基因 mRNA 表达与肌纤维性状相关性分析 …… 145

11.1 实验材料 …… 145
11.2 实验方法 …… 146
11.3 结果 …… 148
11.4 讨论 …… 150
11.5 本章小结 …… 151

第 12 章 本篇结论 …… 152

参考文献 …… 154

缩略语词汇表 …… 163

第一篇

利用韩牛骨骼肌卫星细胞建模研究肌形成和肉质相关候选基因的作用机制

骨骼肌卫星细胞为肌肉发育相关候选基因的作用机制以及肉质相关蛋白水解酶的功能研究提供了一个很好的模型。为此，我们利用韩牛骨骼肌卫星细胞培养系统进行了一系列实验，探讨骨骼肌卫星细胞在肌管中增殖、分化、缺氧、凋亡、骨骼肌萎缩和脂质积聚的外在调节作用机制。

第一项实验研究了钙蛋白酶、HSP、caspase 和相关蛋白质组在叠氮钠(NaN_3)缺氧诱导条件下在细胞融合、肌形成和细胞凋亡中的作用。首先，从韩牛背最长肌中分离出骨骼肌卫星细胞，并在实验室进行培养。利用 1mmol/L 叠氮钠(NaN_3)诱导的化学缺氧法使细胞产生凋亡，将培养处理的细胞样品分为 3 期：骨骼肌卫星细胞融合形成单层（第 1 期）；第 1 期细胞在分化后第 8 天融合成肌管（第 2 期）；第 2 期细胞用 1mmol/L 叠氮钠(NaN_3)处理 24h（第 3 期）。在我们设定的培养处理环境下，成熟的韩牛骨骼肌卫星细胞有分化为多核细胞的潜能。实时 RT-PCR 结果显示，与第 1 期细胞相比，第 2 期细胞 CAPN1、钙蛋白酶抑制蛋白、CASP7 和 CARD9 的 mRNA 表达量增加。western blotting 结果显示，第 2 期细胞 caspase 3、caspase 7、caspase 8、caspase 9 的 mRNA 表达量较第 1 期细胞中的高。实时 RT-PCR 结果显示与第 2 期细胞相比，第 3 期细胞 CAPN 1、钙蛋白酶抑制蛋白、CASP7、HSP70、HSP90 的 mRNA 表达量增加，而 CARD9 的 mRNA 表达量降低。与第 2 期相比，第 3 期细胞的 caspase 7、caspase 12、HSP70 和 HSP90 的 mRNA 表达量明显增加，这与 western blotting 在缺氧条件下的结果一致。从中我们推断出 caspase 7、caspase 12、HSP70 和 HSP90 参与了缺氧条件下细胞凋亡的过程。

钙蛋白酶是一类钙依赖性的半胱氨酸蛋白酶，在细胞死亡和细胞信号传递中起重要作用，但是，钙蛋白酶在肌细胞生长过程中是否在细胞凋亡方面起着重要的作用尚不清楚。同时，半胱氨酸蛋白酶催化大规模破坏性细胞蛋白，这是细胞死亡的主要原因。目前尚无关于半胱氨酸蛋白酶在韩国牛肌肉细胞发育或分化过程中是否发挥作用的信息。在前期的研究中，我们发现 caspase 9 在骨骼肌卫星细胞增殖和分化为肌管过程中的表达量显著增加。在前期研究的基础上，我们的第二项实验旨在利用 RNA 干扰介导的沉默技术来研究钙蛋白酶和 caspase 9 的功能，并观察骨骼肌卫星细胞生长过程中 caspase 基因 mRNA 的表达水平。当骨骼肌卫星细胞增殖至 80%培养皿底层面积时，分别用 μ-钙蛋白酶和 caspase 9 的双链 21-聚体小干扰 RNA 处理细胞。转染 48h 后取出样品，用实时 RT-PCR 法检测 mRNA 表达。结果表明，小干扰 RNA 介导的骨骼肌卫星细胞 μ-钙蛋白酶表达下调导致 caspase 3 和 caspase 7 的表达下降，说明 μ-钙蛋白酶与 caspase 系统之间存在交叉作用。此外，小干扰 RNA 介导的抑制 caspase 9 基因在骨骼肌卫星细胞中的表达导致 caspase 7 的表达下降。我们认为，通过敲除靶基因如 μ-钙蛋白酶或 caspase 9 来减少半胱氨酸蛋白酶如 caspase 3 和 caspase 7 的表达效应从而相应的调控细胞的凋亡，进而增加肌细胞增殖过程中肌纤维的大小，这在未来的应用上将有可能治疗骨骼肌的萎缩。

虽然许多学者已经就骨骼肌卫星细胞在动物生后肌肉发育中的作用，以及控制这些细胞增殖和分化的机制方面做了一些研究，但是在牛骨骼肌卫星细胞向脂质分化方面还没有作明确的报道。第三项实验研究了过氧化物酶体增殖物激活受体 γ 激动剂曲格列酮对韩牛骨骼肌卫星细胞增殖、分化和肌管中脂质积累的影响。具体研究过程为，从韩国斑点牛背长肌中分离出骨骼肌卫星细胞，并在实验室中进行培养。当骨骼肌卫星细胞在贴壁生长前，用融合培养基(含 2%HS 的 DMEM)代替生长培养基(含 15%FBS 的 DMEM)，再分别用 5μmol/L、10μmol/L、50μmol/L 的曲格列酮处理细胞 0～15d。研究结果表明，用曲格列酮处理韩牛骨骼肌卫星细胞，能促进分化为脂肪类细胞，其甘油积累显著增加。实时 RT-PCR 结果表明，曲格列酮不仅提高了韩牛骨骼肌卫星细胞脂肪转录因子的表达，而且显著提高了 CAPN1 基因在这些细胞中的表达。因此，我们猜想 CAPN1 基因参与了肌源性和成脂性分化程序之间的平衡，并且在骨骼肌卫星细胞分化成脂肪类细胞的过程中，这种平衡可以在特定的病理条件下发生改变。我们的研究结果将有助于加强对肌原性卫星细胞外部调控的认识，这是在骨骼肌卫星细胞进行分化形成其他类型细胞的过程中，增加肌内脂肪细胞数量的第一步。

第1章 总 论

肉类对发达国家的经济及人类的营养具有重要作用。日益增长的物质需求要求食品生产商在确保饮食质量、营养价值和安全方面提供更高的标准。在韩国，人们快速增长的收入水平导致生活水平的提高和消费者饮食结构的改变如肉类，特别是牛肉的比例增加(Kim et al.，2009)。大多数韩国食用牛肉都来自于韩国本土牛，也称为韩牛。到目前为止，大多数韩国消费者更喜欢韩国本土牛肉，而不是进口牛肉，因为他们认为，韩牛牛肉的多汁性和风味优于进口牛肉或者是外国品种牛生产的牛肉(Hwang et al.，2010)。一般来说，是否为优质牛肉取决于牛肉的大理石花纹(或肌肉内脂肪组织)、肉的颜色、硬度和质地(Cho et al.，2010)。有研究表明，肌肉纤维特性影响肉的颜色、保水能力、肌内脂肪组织和肉的质地等品质特征(Totland et al.，1988)。不过，肉类的多汁性还取决于其系水力等，但这一结论还一直在争论之中(Ouali et al.，2006)。最近，一项相关研究还表明，肉用韩牛的大理石花纹和肌纤维特性之间存在相关性(Hwang et al.，2010)。此外，多个研究表明肌肉的生长发育过程影响着肉质品质。

肌肉组织被认为是机体的四种基本组织之一。它进一步分为三种类型：平滑肌、心肌和骨骼肌。平滑肌位于机体周围的中空管如肠道，通过分裂或分化具有很高的再生能力。心肌是形成心脏的主体部分，没有再生能力。骨骼肌是肌肉组织的主要部分，通过骨骼系统的应用产生主动力，控制机体的主动运动。骨骼肌的再生能力是有限的，并将这种特定群体的成体干细胞，称为骨骼肌卫星细胞(Gray and Carter，2005；Gartner and Hiatt，2007)。这些肌细胞起源于胚胎发育过程，骨骼肌通过其终末分化和融合形成多核肌管，形成收缩肌纤维。每一种肌肉纤维都由肌原纤维蛋白构成，负责能量的产生。每一种纤维都与一群能够分裂和融合肌肉纤维的自我更新的卫星细胞相关联。这种融合是肌肉生长和修复的重要部分。

虽然前期许多研究在宏观评估动物肉品质方面取得了一些进展，但主要是集中在肉品质与屠宰后处理加工的相关关系的领域内。极少有科学研究涉猎骨骼肌卫星细胞对于动物出生后肌肉生长发育和屠宰后肌肉蛋白质水解的分子机制及与肌肉品质相关方面的领域。为此，需要建立一种细胞模型来研究此相关领域进而评估韩牛牛肉品质。因此，本研究的主要目的是建立从韩国本地牛肌肉中分离培养出骨骼肌卫星细胞进行模型研究，以揭示相关候选基因及其相互作用在骨骼肌生长发育和动物屠宰后肌肉蛋白水解中的作用。本项研究提供的证据表明，相关候选基因如 CAPN1 参与了细胞分化过程中骨骼肌卫星细胞向肌源性细胞和脂肪类细胞分化程序之间的平衡。此外，本文提出了几个假说来详细地阐述了在动物出生后肌肉生长发育过程中众多候选基因的作用机制。

本文综述了肉牛骨骼肌卫星细胞的概况及其对肉牛出生后肌肉生长的贡献，并详细研究了利用分子标记鉴定肌卫星细胞的方法。同时研究了影响屠宰后骨骼肌卫星细胞的分子生物学因素，包括钙蛋白酶系统、caspase系统、组织蛋白酶和热休克蛋白。最后对韩牛肌源性卫星细胞的可塑性和转分化进行了研究，同时对肉牛骨骼肌卫星细胞及相关肉质候选基因作用机制的研究进展进行了比较系统的研究和阐述，期望对利用肉牛骨骼肌卫星细胞培养系统在动物生产和肉品质评估方面提供一定的参考价值。

1.1 骨骼肌卫星细胞在动物出生后肌肉发育生长过程中的作用

幼年动物和成年动物的骨骼肌中的卫星细胞是位于肌纤维基底膜下的单核成肌干细胞，并以其所在的位置命名。1961 年，Mauro 和 Katz 在研究青蛙的骨骼肌时发现了卫星细胞（Mauro，1961；Katz，1961），指出卫星细胞是能控制新生骨骼肌肥大和再生的肌源性祖代细胞的独特细胞系（Morgan and Partridge，2003；McKinnell et al. ，2005）。但是，在动物成年生活的大部分时间里，正常、未受伤的成年动物肌肉中的卫星细胞都处于静止状态，但这些细胞可以通过各种刺激而激活，如损伤、运动、拉伸、电刺激（Schultz et al. ，1985； Appell et al. ，1988； Rosenblatt et al. ，1994）和氧应激（Csete et al. ，2001）。当静止信号被激活时，卫星细胞解除休眠状态，成为产生有生长发育能力的肌源性祖代细胞，由此产生的肌源性细胞可以在动物生长发育过程中的骨骼肌肌纤维中形成肌核，或在受损的肌肉细胞的位置形成新的肌纤维（Rhoads et al. ，2009）。人们认为卫星细胞除了有促进肌肉再生的能力外，还有更多其他的功能（Anderson，2006），例如，有助于替代肌肉和非肌肉组织。骨骼肌中存在着不止一种卫星细胞（Zammit and Beuchamp，2001），一些卫星细胞可能实际上来自其他组织或细胞系（Holterman and Rudnicki，2005； Zammit et al. ，2006； Le Grand and Rudnicki，2007），因此，卫星细胞种群在卫星细胞生物学领域有许多应用，因为它与动物出生后肌肉发育生长过程息息相关。

1.2　卫星细胞分子标记

卫星细胞通常在幼年动物出生后肌肉生长发育过程中表现活跃。它们通过与生长中的肌纤维融合而经历增殖和分化，形成新的肌核（Morgan and Partridge 2003；Halevy et al.，2004）。然而，在成熟期，卫星细胞是静止的。由于肌肉纤维的损伤，卫星细胞可能变得活跃，并开始表达肌源性调节因子。它们迁移到损伤部位，并再次进入增殖和分化周期，并与受损的肌肉纤维融合，或在较小程度上融合形成新的纤维（Fig. 1；Zammit et al.，2006）。

肌肉卫星细胞群体表达的转录因子可用作识别和鉴定的标记物。配对盒转录因子7(Pax7)在静止、活跃和增殖的卫星细胞中表达，但不在肌核中表达（Seale et al.，2000；Collins et al.，2005；Relaix et al.，2005）。Pax 7是肌源性调节因子 MyoD 的上游转录激活因子，在活化的卫星细胞中也发挥着重要的抗凋亡作用（Reliax et al.，2006）。在先前的研究中证实了Pax7 在鸡胸肌中能够特异性表达（Halevy et al.，2004）。由于有良好的抗体，Pax 7 可能是当前识别静止卫星细胞的最有用的标记之一（Seale et al.，2000；Halevy et al.，2004；Shefer et al.，2006）。钙黏蛋白（M-cadherin，M-cad）是一种重要且独特的细胞表面蛋白，位于卫星细胞与肌纤维的交界处。M-cad 是一种钙依赖的细胞黏附分子，不仅在静止的卫星细胞中表达，而且当卫星细胞被若干刺激物激活时，其表达也会相应增加（Cornelison and Wold，1997；Beauchamp et al.，2000）。

正常成年机体肌肉中的卫星细胞位于肌肉纤维基底层下方，通常处于静止状态。在适当的刺激下，骨骼肌卫星细胞可以被激活并表达不同的肌源性因子。一旦被激活，骨骼肌卫星细胞就会分裂，产生由卫星细胞衍生的成肌细胞，进而分化、融合后形成肌管，最后形成肌纤维（卫星细胞的自我更新并不包括在内）。CD34、Pax7 和 Myf5/β-gal 也能在静止的骨骼肌卫星细胞中表达，骨骼肌卫星细胞活化的标志是 MyoD 表达的迅速启动，而肌原蛋白的表达则是其分化的标志。MLC3F-TG 的表达模式是骨骼肌肌动蛋白和 MyHC 等多种结构性肌肉基因的典型表达形式，在分化后期标志着肌细胞的组装。Myf5/β-gal 型是 Myf5 nlacZ/小鼠目标等位基因的融合蛋白产物，而 MLC3F-TG 是 3F-nlacZ-E 转基因的产物（Zammit et al.，2006）。

骨骼肌卫星细胞在静止状态下也能表达 desmin、Myf5、MyoG 等，并对其他成肌细胞进行特异性标记，产生成肌细胞后代(Cornelison and Wold, 1997; Wozniak et al., 2005)。骨骼肌卫星细胞衍生的成肌细胞通常与几乎任何发育阶段的成肌细胞具有相同的肌源性标记(图 1-1)。MyoD 和 Myf 5 是肌肉特异的转录因子，不是由静止的细胞表达，而是在活化和增殖的骨骼肌卫星细胞中迅速表达(Musaro, 1999)。骨骼肌卫星细胞在激活后迅速启动 MyoD 的表达(Grounds et al., 1992; Yablonka-Reuveni and Rivera, 1994)，并经历 CD34 异构体转换，并继续共同表达 Pax7、M-cadherin 和 Myf5。此后，骨骼肌卫星细胞开始分裂，并表达其他典型的分子标记，如增殖细胞核抗原(PCNA)。随后，Myogenin 标志着肌源性分化的开始(Fuchtbauer and Westphal, 1992; Grounds et al., 1992; Yablonka-Reuveni and Rivera, 1994; Yablonka-Reuveni et al., 1999; Zammit et al., 2004)。图 1-1 显示了骨骼肌卫星细胞的分子标记从静止向分化各个阶段的典型变化。

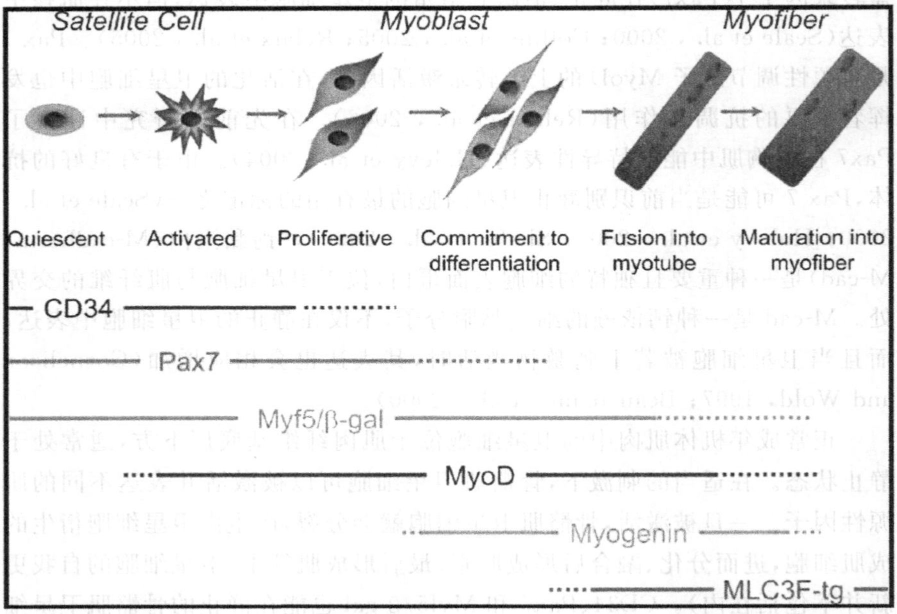

图 1-1 卫星细胞在肌生成过程中的示意图和各个阶段的典型分子标记

1.3　动物屠宰后早期的肌肉采样影响骨骼肌卫星细胞活性的分子生物学因素

动物屠宰后，个体组织和细胞继续对环境产生反应。随着组织和细胞的死亡，它们失去了对环境的反应能力，肌肉变成食物。动物出血后，所有细胞都处于缺氧状态，不再获得营养。为了了解死亡过程及其对肉质的影响，我们把肌肉看作单个肌肉细胞的集合，每个细胞对环境和死亡都有自己的反应。当动物因失血和缺氧而死亡时，肌肉细胞继续呼吸，三磷酸腺苷(ATP)是细胞能量产生并消耗的主要形式。在所有肉用动物物种中，无论使用什么技术，屠宰过程的最后阶段都会流血。清除血液会导致全身各种细胞的普遍缺氧，这是由于细胞内由有氧糖酵解转变为无氧糖酵解而暂时缓解的。在富氧条件下，葡萄糖被转化为丙酮酸，丙酮酸被转化为乙酰钴-A，但在厌氧条件下，丙酮酸被还原为乳酸，在此过程中，在富氧条件下消耗的每一个葡萄糖分子中只有两个 ATP 分子，而不是 34 个 (Nelson and Cox, 2002)。乳酸的产生导致 pH 下降，其对肌浆网和线粒体膜有一定的抑制作用，从而导致 Ca^{2+} 释放到细胞溶胶中。目前的研究关于肉品质控制环节上有很多信息，它们对细胞死亡的影响现在被认为是肉质熟化过程中的起始点，但是在现有文献中没有得到充分的反映。经若干全面审查，Mendez 和 Ouali 等人(2006)就肉类生产的这一方面提出了一些想法，他们假设，肌肉向肉类转化过程中的肌肉细胞死亡过程可能在调节肉质量方面发挥作用。毕竟有关动物细胞的研究有限，特别是与死后肌肉生物学有关的研究，大多数研究集中于人类细胞或其他兼容和类似的人类模型，更多的是涉及神经学方面的研究，尽管有些研究已将其作用与肌肉病理学联系起来。

目前，在屠宰动物的肌肉细胞死亡过程中仍存在一些争议，即坏死或凋亡(Mendez et al., 2006; Ouali et al., 2006)。细胞凋亡和坏死是细胞死亡的两大类型。细胞凋亡是正常动物发育所必需的，也是维持组织稳态的必要条件，是细胞有组织地解体，其特点是膜泡、细胞收缩、染色质浓缩、DNA 断裂以及凋亡小体的形成，不引起炎症反应(Wyllie et al., 1980)。相对于凋亡，坏死历来被认为是细胞死亡的一种被动形式，这种死亡是由于细胞受到一些不可逆转的损伤而引起的炎症反应，这种炎症反应是机体对死亡细胞所产生的趋化因子所引起的组织损伤的微血管反应。这些趋化因子导致白细胞包围死亡细胞，并通过吞噬作用去除它们。死亡细胞在被吞噬前发生细胞膜通透性增加、核固缩(核浓缩)、核碎裂和核溶解(核溶解或液化)等病理过程。这一过程还伴随着丝氨酸肽酶激活的核酸内切酶对核DNA的随机降解(Park et al.,2010)。

在哺乳动物细胞中,细胞凋亡现象与死亡刺激的起源有关,细胞凋亡现象既有内源性途径,也有外在途径。内在的途径是由线粒体介导的,由于受到凋亡刺激,线粒体的膜间间隙释放了几种蛋白质进入细胞质(Wang,2001)。一些具有良好特性的蛋白质包括细胞色素C、第二线粒体衍生caspase激活剂(Smac)、直接凋亡抑制因子(Iap)结合蛋白和低PI结合蛋白(Idlo)、凋亡诱导因子(AIF)、内切酶G(EendoG)和OMI/HTRA2(高温需要量蛋白A2)。其中最特别的是细胞色素C,它能结合并激活细胞质中的APAF1蛋白(Li et al.,1997)。细胞色素C与APAF1的结合引起了构象变化,使APAF1与ATP/dATP结合,形成凋亡小体(Jiang et al.,2000),介导caspase-9的激活(Li et al.,1997;Rodriguez et al.,1999;Zou et al.,1999;Saleh et al.,1999),从而触发了caspase-9的级联激活。外源性途径是由细胞外死亡配体(如FasL)与Fas等细胞表面死亡受体的结合启动的(Nagata,1999)。死亡配体是通过构成同型三聚体完成的,因此与它们的受体结合导致形成一个最小的同三聚体配体—受体复合物,该复合物进一步激发细胞内因子,如FADD和caspase-8,形成一个寡聚死亡诱导信号复合体(Peter et al.,2003)。在外在和内在的凋亡过程中,经历一个不可逆转的凋亡信号之后,由于细胞膜极性的反转,使周围细胞分离(Martin et al.,1995)。caspase的激活导致穿孔素的释放,从而在细胞膜上形成孔,并通过这种颗粒酶(丝氨酸蛋白酶)进入细胞导致凋亡。在形态学上的改变包括细胞浓缩、染色质浓缩、DNA片段化产生1~180对碱基,最终形成凋亡小体,并被吞噬细胞清除。在僵直期骨骼肌中普遍观察到细胞萎缩导致细胞凋亡的现象(Play and Knight,1988)。凋亡小体是封闭的细胞结构(Goldsby et al.,2003)。细胞凋亡依赖ATP,但死后肌肉却缺乏ATP。厌氧糖酵解提供了一些能量,大概足以进行凋亡过程。一些论文也通过比较分析了肌肉中的凋亡过程(Fidzianska et al.,1991)。除此之外,细胞凋亡是一个从几分钟到几个小时不等的快速过程(Green,2005)。

动物被宰杀后,单个组织和肌肉细胞都是缺氧损伤(缺氧),但是能保持继续代谢,因此坏死一词已被用于肌肉细胞死亡,由于没有炎症反应,坏死的标志,死亡生理状态(凋亡)(Fidzianska et al.,1991;Mendez et al.,2006;Ouali et al.,2006)可能是一个错误的名称,确切地说,目前的研究已经有效地证明了各种酶在肌肉细胞死亡中的作用,这主要是导致肌肉细胞死亡的原因之一。考虑到这一点,凋亡这个词被认为是死后肌肉细胞死亡的最有可能的过程，尽管这个过程不是内在的，而是由于缺乏氧气、营养物和能量化合物而强加于细胞上的（Sentandreu et al.，2002）。因此，有人推测屠宰和放血过程可能启动凋亡途径，caspase 活性可能有助于蛋白水解和肉嫩化（Kemp et al.，2010）。根据以上阐述，其他细胞模型的现有资料表明，死后处理，如 ES 和低温处理，可能影响死后肌肉的凋亡过程，从而影响肉的质量（Park et al.，2010）。

促凋亡基因有 bax、bcl-xs、caspase 和 fas，而 bcl-2 和 bcl-xl 则下调凋亡（Goldsby et al.，2003）。上调基因产物有激活效应 caspase 的死亡结构域（Nelson et al.，2002）。已知的相关凋亡的分子机制见以下综述。

1.3.1　钙蛋白酶系统

钙蛋白酶可能是肉类科学方面研究最广泛的蛋白酶家族，人们普遍认为，蛋白酶分解钙蛋白酶活性确实有助于肉的嫩化（Koohmaraie et al.，2006；Sentandreu et al.，2002）。在骨骼肌中，钙蛋白酶系统由三种蛋白酶组成，即普遍表达的 μ-钙蛋白酶、m-钙蛋白酶和 p94（或钙蛋白酶 3）及其抑制剂钙蛋白酶。普遍表达的 μ-和 m-钙蛋白酶是钙激活的蛋白酶，它们分别需要微量和毫升浓度的 Ca^{2+} 来激活（Goll et al.，2003）。钙蛋白酶是一种高度多态性的蛋白质，也是钙蛋白酶特异内源性抑制剂，与钙蛋白酶家族相关（Wendt et al.，2004；Raynaud et al.，2005）。

大量的报道表明钙蛋白酶可能参与了细胞凋亡，研究提出 μ-钙蛋白酶与 caspase 蛋白酶系统之间存在交叉作用（Nakagawa and Yuan，2000；Vaisid et al.，2005；Piñeiro et al.，2007；Liu et al.，2009）。似乎胼胝体在凋亡中的参与仅限于某些细胞类型和特定的刺激（Kidd et al.，2000；Goll et al.，2003）。通过对人神经细胞、血小板及其他细胞类型包括萎缩肌细胞凋亡的研究，可以推断钙蛋白酶通过从线粒体释放细胞色素 C 和 AIF 来调节细胞凋亡。细胞色素 C 可通过两种不同途径释放，一种方法是将 bax 蛋白切割成一个 18kDa 的亲凋亡片段，促进细胞色素 C 的释放，导致凋亡过程发生（Gao et al.，2000）。另一种途径是 Bid 蛋白（Bcl-2 家族的促凋亡成员）的断裂，减缓线粒体通透性增加的程度，导致细胞色素 C 释放（Chen et al.，2001；Gil-Parrado et al.，2002，Polster et al.，2005）。在一项关于神经元凋亡的研究中，AIF 是通过 μ-钙蛋白酶切割 Bid 蛋白而释放到线粒体膜间隙的。此外，μ-钙蛋白酶切割 AIF，使其与线粒体内膜的结合被去除，从而释放截短的 AIF 来调节细胞凋亡。μ-钙蛋白酶还能切割天冬氨酸蛋白酶 7、8 和 9，以及其他调节凋亡进程的蛋白质，从而使其失活

(Chua et al.，2000)，因此 μ-钙蛋白酶是凋亡的负调节因子。一方面，有报道称 m-钙蛋白酶可将 procaspase-12 切割成活性 caspase，并将 bcl-xl 的环区切割，将抗凋亡分子转变为促凋亡分子(Nakagawa et al.，2000)。从现有文献来看，肼胝体在某些情况下可能通过使 caspase 失活而成为凋亡的负调节因子，而在其他情况下，则可能是凋亡的正调节因子。另一方面，有一些研究表明，当死后肌肉接近极限 pH 值时，μ-钙蛋白酶可能被激活(Bee et al.，2007)。为此，钙蛋白酶系统对死后肌肉细胞凋亡过程的第一步的参与机制还需要进一步地进行讨论。

1.3.2　caspase 系统

caspase 是一个半胱氨酸天冬氨酸特异性蛋白酶家族，至今已鉴定出 14 位 caspase 家族成员，根据其在细胞凋亡或炎症中的作用主要分为三类(Earnshaw et al.，1999)。许多研究表明 caspase 蛋白酶家族可能是死后活跃的，有助于嫩化(Ouali et al.，2006；Sentandreu et al.，2002)。参与凋亡的 caspase 可进一步细分为启动子 caspase，如 caspase 8、caspase 9、caspase 10 和 caspase 12，或效应 caspase(如 caspase 3、caspase 6 和 caspase 7)，这取决于它们在细胞凋亡过程中所处部位(Earnshaw et al.，1999)。caspase 通过三条主要途径激活，如图 1-2 所示(Kemp et al.，2010)。细胞死亡途径或外部途径是由细胞表面受体触发的，启动子 caspase 8 和 caspase 10 通过这一途径被激活(Boatright and Salvesen，2003)。这个过程涉及 caspase 9，并在低氧和缺血等环境压力下被激活(Earnshaw et al.，1999)。ER 介导的途径是通过应激直接激活 ER，例如 Ca^{2+} 稳态的破坏，而 Ca^{2+} 稳态的破坏反过来又激活引发剂 caspase 12。效应 caspase 由启动子 caspase 上游激活，一旦效应 caspase 激活目标与特定底物结合，就能导致细胞解体(Fuentes-Prior and Salvesen，2004)。

Caspase 8、caspase 9、caspase 10 具有大的原结构域，通常含有与其他蛋白质相互作用的必需区域，参与了细胞凋亡的起始阶段。启动子 caspase 在其 N 端有同源型 caspase 募集结构域或死亡效应域，相互作用域。这些模块直接将聚合酶加工成细胞内的寡聚激活组件。认识到两个独立的启动途径：通过肿瘤坏死因子(TNF)-1 受体家族跨膜受体激活 caspase 启动的外源途径，可能参与 caspase 8 和 caspase 10(Wang，2000)；以及通过激活 caspase-9(Fuentes-Prior and Salvesen，2004)而启动的应对压力的内在途径。caspase 3、caspase 6、caspase 7 又称效应型 caspase，一般具有小的原结构域，在细胞凋亡后参与细胞裂解。效应器 caspase 由于缺乏可识别的同型募集结构域而显得尤为重要。效应 caspase 催化细胞蛋白质的大规模破坏,这是细胞死亡的主要原因之一。caspase 也针对 caspase 激活的 DNase。在正常细胞中,caspase-3 激活的脱氧核糖核酸酶(CAD)的活性通过与其抑制剂 ICAD 的结合而受到抑制。催化活性的 caspase-3 切割 ICAD,使 CAD 进入细胞核,使染色体 DNA 裂解为具有凋亡特征的核小体单元(Enari et al., 1998; Sakahira et al., 1998)。DNA 裂解的单体产物(氨基酸和核苷酸)在一个受控的过程中释放出来,使其能够被邻近的细胞吸收和重复使用(Nelson et al., 2002)。

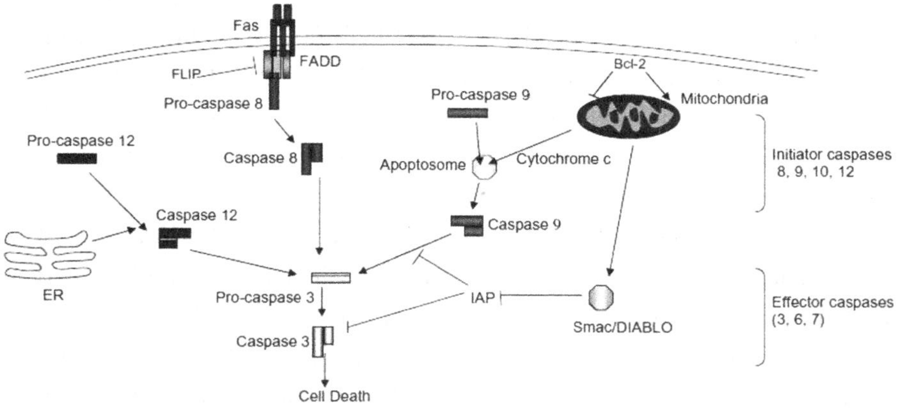

图 1-2 内源性、外源性和 ER 介导的凋亡途径示意图,显示 caspase 参与的每个途径。FADD-fas 相关死亡结构域、IAP 抑制剂、细胞凋亡抑制因子、胱冬酶 SMAC-二次线粒体激活剂、低 pI 的 DIABLO-直接 IAP 结合蛋白(Kemp et al., 2010)

1.3.3 组织蛋白酶和热休克蛋白

组织蛋白酶是由胞外肽酶和内切肽酶组成的一组酶,分为半胱氨酸(组织蛋白酶 B、H、L 和 X)、天冬氨酸(组织蛋白酶 D 和 E)和丝氨酸(组织蛋白酶 G)(Sentandreu et al., 2002)。所有这些酶都利用相同的催化基团合成密切的氨基酸序列和整体折叠结构。然而,组织蛋白酶对肉质嫩化的作用一直是许多科研工作者争论的话题。Koohmaraie(1996)不认为组织蛋白酶能调控肌肉中的蛋白水解,因为这些分子存在于完整的溶酶体中,阻止了它们进入肌原纤维或胞浆。然而,在死后糖酵解过程中,低pH值和较高的屠体温度会加剧溶酶体膜的破坏(O'Halloran et al.,1997),而当尸体进入僵硬状态时,膜中离子泵的失效,连续到ATP耗竭时,可以克服这一问题(Hopkins et al.,2002)。此外,还有一些不被接受的观点认为组织蛋白酶的活动与肉样品嫩度的变化之间几乎没有关联(Whipple et al.,1990)。然而,组织蛋白酶B和L活性被发现在动物死后8h内与牛肉的嫩度呈正相关(O'Halloran et al.,1997)。包括肌钙蛋白T、I和C、伴肌动蛋白、肌联蛋白和肌钙蛋白在死后调节期间以及肌球蛋白和肌动蛋白在兔、牛肉和鸡肌原纤维中降解,组织蛋白酶L水解最多数量的肌原纤维蛋白(Mikami et al.,1987)。另一方面,可查阅的文献表明,组织蛋白酶在细胞凋亡中的作用非常有限,而且组织蛋白酶可能在凋亡的caspase-calache途径中发挥作用(Raynaud and Marcilhac,2006)。

一系列被称为热休克蛋白(主要有HSP70、HSP90和小的HSP27亚家族)的新蛋白能在应激细胞的反应中迅速产生,并被哺乳动物细胞的热休克预处理所上调(Beere,2004)。HSP被认为是保护细胞结构免受凋亡的分子伴侣,而凋亡在维持细胞内稳态方面起着普遍作用(Mosser et al.,1997; Pandey et al.,2000; Concannon et al.,2003)。细胞应激和细胞死亡与热休克蛋白有关,并在应激下释放,在细胞凋亡控制的关键调控点发挥作用(Garrido et al.,2001)。这些蛋白质有助于维持细胞及其成分的完整性,并具有抗凋亡活性(Beere,2004)。这些蛋白可以改变细胞凋亡的内在和外在途径。在内在途径中,线粒体外膜(MOMP)的通透性是通过Bcl-2家族的亲膜和抗凋亡膜的相反活性来调节的。Bcl-2家族包括Bax、Bak、Bad和Bid等促凋亡蛋白和抗凋亡蛋白Bcl-2和Bcl-XL(Gross et al.,1999)。Creagh(2000)等人研究了HSP70在Jurkat T细胞caspase依赖性和独立凋亡中的保护作用。在这个研究中,HSP70抑制HSP70转染细胞中caspase的活化。Li等人(2000)的体外研究发现HSP70在预热和HSP70过表达的细胞中是细胞色素C释放的下游和caspase-3激活的上游,是细胞凋亡的强有力的抑制因子。在一项关于培养大鼠星形胶质细胞的研究中,HSP通过抑制caspase 3的激活而抑制凋亡,而不影响线粒体功能障碍(Takuma et al.,2002)。Voss等人(2007)报道,在单核细胞中,HSP 27通过抑制caspase-3蛋白水解激活而调节细胞凋亡。

Bcl-2多结构域促凋亡蛋白Bax和Bak诱导MOMPis的能力受到多种机制的调控,包括位置改变、构象和寡聚状态的改变(Beere,2005)。HSP通过抑制细胞色素C的线粒体释放而发挥作用(Ouali et al., 2006)。HSP27和HSP70均能通过抑制caspase-8介导的Bid的切割和激活来调节Bid依赖性的凋亡。HSP27还可以防止Bid向线粒体的转运(Gabai et al., 2002)。此外,HSP70还有助于维持溶酶体膜的完整性,以防止组织蛋白酶释放到胞浆中(Nylandsted et al., 2000)。HSP27还通过与细胞色素C以线粒体释放后固存作用的方式破坏凋亡小体的形成(Bruey et al., 2000)。由于这种特性,这些蛋白质可能延缓凋亡过程和随后的肉质转换步骤。前期有研究表明,当动物在屠宰过程中受到压力时会产生和释放应激蛋白(Aberle et al., 2001)。然而,它们与肉质转化过程中凋亡过程的关系尚不清楚,可作为肉品质量控制的进一步研究课题。

1.4　可塑性与肌源性卫星细胞的转分化

目前,骨骼肌卫星细胞生物学的研究热点主要集中在成年骨骼肌的再生性和可塑性。骨骼肌的可塑性是指骨骼肌在需求或环境压力下,对改变功能、基因表达和结构表型的适应性。这些变化主要是由卫星细胞介导的,骨骼肌卫星细胞被认为是肌肉发育、生长、对疾病或损伤的反应和再生过程中迅速、长期和持续变化的媒介(Singh et al., 2009)。成年动物肌肉中的骨骼肌卫星细胞能够显示成骨细胞、脂肪细胞和肌管分化的干细胞(Asakura et al., 2001; Wada et al., 2002; Fux et al., 2004),因为肌层和脂肪细胞产生于胚胎的同一胚层,中胚层及其直接诱导成肌细胞转化为脂肪细胞的可能性。一种表型向另一种表型的转换或分化可以代表转分化,这是分化的卫星细胞或成肌细胞向另一种分化细胞的不可逆转的转变(Molnar et al., 1993; Thowfeequ et al., 2007)。骨骼肌卫星细胞在肌肉形成过程中扮演着重要的作用,它支持对包括收缩和热应激发生在内的功能的适应。如果肌肉通过增殖来发育和再生,骨骼肌卫星细胞就会起到构建块的作用。肌肉特异性调控基因的表达指导分化,因为骨骼肌卫星细胞后代通过融合纤维来促进肌纤维转录能力的增加(Singh et al., 2009)。骨骼肌卫星细胞可以作为一块或交替的收缩或非收缩组织来控制肌肉(Muller-Ehmsen et al., 2002)。它还能提供经基因修饰的高水平激素、非肌肉蛋白或一种新型治疗蛋白以及胰岛素样生长因子Ⅰ和Ⅱ(IGF-Ⅰ和IGF-Ⅱ)、成纤维细胞生长因子(FGF)、转化生长因子-β(TGF-β)、白血病抑制因子(LIF)和白细胞介素-6(IL-6)(Singh et al., 2009)。

骨骼肌卫星细胞被作为研究人员研究骨骼肌中的事件标记的模型(干

细胞)，从静止状态(称为进入细胞周期)开始激活，并可进行最终的分化。骨骼肌卫星细胞具有间充质可塑性，既可以向肌细胞分化，也可以通过间充质替代分化(MAD)(Shefer et al.，2004)。有几种特殊基因的选择已经证明了可以作为表达标记从而影响骨骼肌卫星细胞的自然流通和传递作用(Tamaki et al.，2002a；Tamaki et al.，2002b；Tamaki et al.，2003)。基于细胞表面标记表达的系列具有干细胞类表型标记的基因可以用来分选和纯化细胞。组织分离和流式细胞术观察到干细胞在其干细胞样能力中的活性下降。在体内研究发育中的细胞谱系的有力方法对于长期观察到的单个肌纤维培养具有潜力，在这种情况下，基底膜内的骨骼肌卫星细胞-纤维复合体与体内条件相似(Shefer et al.，2005)。

到目前为止，有越来越多的证据表明成熟干细胞具有可塑性，有报道称骨骼肌来源的细胞能够重新植入骨髓，骨髓来源的细胞可以再植入骨骼肌(Jackson et al.，1999；Ferrari et al.，1998)。生物学中的转分化被定义为分化细胞类型的出生后生命中的一种不可逆转的转换，向另一种类型的正常分化细胞转变(Tosh et al.，2002)。许多研究表明，成年动物肌肉中的骨骼肌卫星细胞是能够分化成骨细胞、脂肪细胞和肌管分化的干细胞，并且有可能直接诱导成肌细胞向脂肪细胞的转化(Asakura et al.，2001；Wada et al.，2002；Fux et al.，2004；Kook et al.，2006；De Coppi et al.，2006；Singh et al.，2007)，因为成肌细胞和脂肪细胞产生于胚胎和中间胚层。Singh(2007)等人报道了猪骨骼肌卫星细胞在西格列酮的存在下，通过实时PCR定量鉴定转录因子C/EBPα和PPARγ，促进猪骨骼肌卫星细胞表达典型的脂肪转化程序。先前的研究还表明，在最佳的肌肉分化条件下，G8成肌细胞可以被关键的脂肪转录因子(C/EBPα和PPARγ)的表达所控制，并且这些因子具有抑制肌肉特异性转录因子(Myf 5、MyoD、Myogenin和MRF 4)的能力，这些转录因子在时间和功能上与它们刺激脂肪形成的能力分离(Hu et al.，1995)。脂肪形成的特征还包括脂肪生成指数和甘油-磷酸脱氢酶(GPDH)的测定值的增加(Kook et al.，2006；Singh et al.，2007)。在同时表达C/EBPα和PPARγ的G8成肌细胞中，出现了AP-2、脂肪素、脂蛋白脂肪酶和磷酸烯醇丙酮酸羧激酶等脂肪细胞特异性标记物(Singh et al.，2007)。

通过体外培养比目鱼肌、背肌、指长伸肌、胫前肌和股四头肌等几种肌肉，比较了不同类型肌肉本身对大鼠卫星细胞脂肪转化的影响(Yada et al.，2006)。脂类和C/EBPα染色判断，卫星细胞的脂肪生成势与原肌中Ⅰ型肌纤维的分布呈正相关。这些结果表明，卫星细胞的脂肪生成潜力因肌肉来源而异(Yada et al.，2006)。血液流动可能增强或增加肌肉依赖的卫星细胞脂肪生成，因为每根肌纤维的毛细血管数也与Ⅰ型肌纤维的分布呈正相关(Rhoads et al.，2009)。

一些研究表明，成肌细胞成脂分化潜能与动物年龄的改变显著相关(Taylor Jones et al.，2002；vertino et al.，2005)。他们的研究证明，通过比较在8月龄和23月龄时从小鼠骨骼肌分离的成肌细胞，仅23月龄的小鼠的成肌细胞分化成脂肪细胞。此外，他们的研究也表明，平衡肌和脂肪细胞的潜力在成肌细胞可受Wnt信号控制(Taylor Jones et al.，2002；Vertino et al.，2005)。基于这些结果，Rhoads等人(2009)认为衰老和Wnt信号通路也参与决定卫星细胞的成脂分化潜能。

1.5　卫星细胞培养系统在畜禽生产和肉质生产中的应用

成肌卫星细胞培养为研究单个细胞向组织的生长和分化提供了有价值的工具，并通过监测肽生长因子对生理细胞功能的影响和相互作用，探讨了肽生长因子在细胞生长调控中的意义。目前为止，有越来越多的细胞培养研究表明，外源性的异黄酮、肽生长因子和细胞类型相互作用对骨骼肌生长影响显著，而以动物或人为主要实验单位，骨骼肌卫星细胞活性作为体内作用的一种衡量标准。(Greenlee et al.，1995；Dodson et al.，1996；Burton et al.，2000；Asakura et al.，2001；De Coppi et al.，2006；Kook et al.，2006；Singh et al.，2007；Rhoads et al.，2009；Edling et al.，2009)。一些实验研究了醋酸去甲雄三烯醇酮(TBA)和雌二醇(E2)对牛的植入以及随后对骨骼肌卫星细胞的影响，以比较高生长和缓慢生长的肉用公牛之间的差异(Johnson et al.，1998；Kamanga-Sollo et al.，2008)。在这些研究中，骨骼肌卫星细胞的数量和体外活性是衡量体内生理的指标。其他的研究则涉及对肌源性卫星细胞活动的外部调控，并着重研究了受调控剂调控的骨骼肌卫星细胞增殖和/或分化的具体机制。了解这些过程可为动物科学家提供提高肉动物生产效率的潜在途径。10年前，有许多研究将肉用动物作为开发物种特异性骨骼肌卫星细胞培养物的主要对象(Dodson et al.，1996；Greenlee et al.，1995；Burton et al.，2000)。然而，所有这些卫星细胞研究人员担心在细胞分离治疗期间与卫星细胞共分离的少数污染性细胞，因为这些污染细胞可能会超越培养物并在体外提供细胞活性的偏向措施。尽管20世纪90年代后期涉及家畜骨骼肌卫星细胞的研究尚处于初级阶段，但研究人员已经在确定的培养基成分的精确控制下开发了纯骨骼肌卫星细胞培养系统(Dodson et al.，1996)。目前，骨骼肌卫星细胞研究有关人员也担心细胞污染。然而,令人关切的细胞类型是一群未确定的细胞,这些细胞使人联想到中胚层干细胞,而不是骨骼肌卫星细胞。这些新的细胞群体有望用于众多生物技术,包括广义组织工程、细胞心肌成形术和成肌细胞转移治疗。分离产后肌源性卫星细胞和新的干细胞群的影响将在一段时间内消耗时间和精力。然而,利用骨骼肌卫星细胞体外培养系统进行的实验数据外推法对整个肉用动物来说是有限的。无论如何,利用体外系统来确定肌肉细胞的发育生物学,已经产生了大量有用的数据,而关于肌源性卫星细胞外部调控的知识是朝着实现这一目标的积极结果迈出的第一步(Rhoads et al.,2009)。对骨骼肌卫星细胞参与产后肌发生、骨骼肌肥大和肌纤维再生的全面了解是一个重要的农业基础问题。关于骨骼肌卫星细胞活化、迁移、增殖、分化、成熟和肌肉特异性基因表达的外部调控的重要信息已经(而且将继续)生成,这将为动物科学家提供提高肉畜生产效率的潜在途径(Dodson et al.,1995)。从研究肉食动物的利用价值角度来看,有两个问题与这一领域的研究相关。首先,可以设计一种可接受的方案来提高快速生长阶段的肌源性卫星细胞的活性,从而提高瘦肉生产的效率。第二,由于骨骼肌卫星细胞已被证明经过转分化而形成其他类型的细胞,因此可以设计一种方案来调节骨骼肌卫星细胞活性,以增加肌内脂肪细胞的数量。了解对肌源性卫星细胞的外在调控是朝着这两个目标的积极结果迈出的第一步(Rhoads et al.,2009)。

第2章　建立骨骼肌卫星细胞模型研究的具体目标

骨骼肌卫星细胞在动物出生后的生长、修复和肌肉再生过程中起着至关重要的作用。肌生成伴随着卫星细胞的增殖活动，这些细胞是新核融合到肌纤维中的来源，并且这个过程是一个涉及许多基因和各种信号传导途径的复杂过程。单核细胞的分化和融合与蛋白质的周转率和结构适应性有关，而这些机制尚不清楚。从研究肉用动物利用价值的角度来看，骨骼肌卫星细胞可以从动物的骨骼肌中分离出来，从而形成可在特定环境下形成肌管的原代细胞培养物。这些增殖和分化的过程模仿发生在肉用动物生长和发育过程中的肌生成。此外，涉及动物肌肉细胞的研究有限，特别是与肉质有关的肌肉熟化生物学。骨骼肌卫星细胞的凋亡是一种现象，可通过导致肌纤维（发育不全）或肌纤维节段缺失（肌萎缩）而参与萎缩。在这些过程中，半胱天冬酶和H-蛋白酶属于参与细胞凋亡的亚家族，对这些半胱天冬酶在牛肌肉细胞发育或分化过程中的作用知之甚少。骨骼肌卫星细胞的分化为脂肪，潜力仍然难以捉摸，这可能最终会根据现有的数据，在不久的将来帮助提高肉用动物生产肌肉的数量和质量。根据现有的数据，在一些有关骨骼肌卫星细胞的领域仍然需要进行调查研究。本文有三个目标，以实现其目的：

（1）阐明缺氧条件下骨骼肌卫星细胞融合成肌管和细胞凋亡过程中几种候选基因（μ-钙蛋白酶，钙蛋白酶抑制剂，半胱天冬酶，HSP27，HSP70和HSP90）及其他相关蛋白的功能。据推测，这些基因及其相关蛋白在发生肌生成时，在骨骼肌卫星细胞内具有明显的表达模式。这涉及从韩牛体内分离出主要的骨骼肌卫星细胞，并利用纯化的骨骼肌卫星细胞形成多核的肌管，模拟在动物出生后肌肉生长和发育过程中肌细胞的变化过程。第二个试验首先假设，肌肉细胞可以通过启动凋亡/坏死过程决定死亡，因为所有的细胞都将处于缺氧状态，并且在动物出血后不会再得到任何营养，而这些过程对肉的质量有显著的影响。这涉及使用一种化学缺氧模型，以1mmol/L叠氮化钠（NaN_3）介导的多核肌管死亡的化学缺氧模型作为细胞模型来研究屠宰后控制肌肉细胞死亡过程的复杂生化机制。在此过程中，通过实时RT-PCR和western印迹检测了几种新的基因及其相关蛋白的表达。

(2)研究在骨骼肌卫星细胞的增殖过程中,钙蛋白酶和 caspase 系统之间是否存在交叉对话。假设有一个互动 μ-calpain 和半胱天冬酶系统之间存在相互作用效应,并且这两个系统在可能发生的肌肉萎缩中的细胞凋亡中起关键作用,这涉及研究韩牛骨骼肌卫星细胞增殖过程中 μ-钙蛋白酶和半胱天冬酶表达的分析。此外,RNAi 还被用来评估敲除这些基因后相关基因表达的效应。

(3)研究从韩牛分离的骨骼肌卫星细胞的可塑性和转分化情况。假设从成年动物肌肉中分离出的骨骼肌卫星细胞可以进行脂肪分化,从而促进肌肉脂肪的形成或大理石花纹的发育并改善肉质。这涉及使用曲格列酮来诱导从韩国斑纹牛中分离出来的骨骼肌卫星细胞来表达典型的脂肪转换程序。研究了曲格列酮对骨骼肌卫星细胞的形态学和生存能力的影响。在转染后 1～15d,在韩国斑纹牛肌肉中肌原细胞中检测到 FABP4、PPARG、CEBPA 基因等生脂转录因子、肌生成标记基因以及脂肪分化的 CAPN1 基因的表达。

第3章　实验一：肌肉品质相关蛋白水解酶在韩牛原代骨骼肌卫星细胞的融合和缺氧过程中变化规律的研究

3.1　研究背景介绍

位于纤维膜和纤维基底膜（Mauro，1961）之间的卫星细胞（第三种类型的肌细胞）对于动物出生后的生长至关重要，因为它们能在生长期间引起肌核数量的增加。肌源性分化是一个复杂的过程，包括单核细胞的融合到多核的肌管，以及涉及与特定蛋白质的合成和降解的完全的细胞重建过程。多项研究表明钙蛋白酶参与了细胞骨架、膜和肌节蛋白的转换，并详细研究了它在肌细胞增殖和分化过程中的作用（Ebisui etal.，1994；Hayashi et al .，1996；Schollmeyer，1981）。钙蛋白酶抑制剂是通过负调控专门抑制 μ-钙蛋白激酶和 m-钙蛋白酶的作用（Goll et al .，2003）。相关研究证明了钙蛋白酶在肌生成和肉嫩化过程中的作用，钙蛋白酶抑制蛋白被研究能够抑制肌细胞分化（Balcerzak et al.，1998；Temm-Grove et al .，1999）。然而，钙蛋白酶及蛋白酶体在肌细胞分化中的作用机制尚不清楚。细胞凋亡的发生在一种可以通过导致肌纤维（发育不全）丧失或肌纤维段丧失（低营养）而导致萎缩的现象中也有呈现。在这些过程中起作用的半胱氨酸蛋白酶属于参与凋亡的亚族，包括启动子（半胱天冬酶-2、半胱天冬酶-8 和半胱天冬酶-9）和细胞死亡效应子（半胱天冬酶-3、半胱天冬酶-6、半胱天冬酶-7 和半胱天冬酶-12）（Fernando et al.，2002；Solary Dubrez-Daloz，2002）。有关研究报道了钙蛋白酶和半胱天冬酶系统之间的交叉作用（Vaisid et al.，2005）。关于这些半胱天冬酶在韩牛的肌肉细胞分化过程中的作用报道很少。在本研究中，我们的研究数据表明，在韩牛的骨骼肌卫星细胞由单核细胞向多核的肌管细胞融合 8d 后发生了系列相关的蛋白水解酶的变化。

在动物屠宰后肉的熟化过程中，普遍发生的细胞死亡，通常称为坏死或凋亡（Fidzianska et al.，1991）。细胞死亡的这一过程在机体内的各种生理功能上研究得较为充分，但其在动物屠宰死后肉的熟化中的作用却很少受到重视。在动物屠宰后肌肉的熟化过程中，通过钙蛋白酶和半胱天冬酶，热休克蛋白的相互作用，可能会涉及细胞凋亡的途径，其他的酶系统可能也参与其中。当细胞中有氧条件停止时，细胞利用无氧糖酵解途径生存，这必然会导致乳酸的积累，肉的 pH 值下降，这是对细胞质膜的抑制，导致钙离子从肌质网和线粒体释放到细胞的细胞质中(Vignon et al.，1989)。屠宰后的肌肉细胞在因营养和氧气消耗下降而导致处于应激状态，在这种情况下，每个细胞都可以通过启动凋亡过程来决定死亡。凋亡诱导了死亡细胞的一系列生化和结构变化，这很可能在动物屠宰后的肌肉中发生(Ouali et al.，2006)。叠氮化钠(NaN_3)作为线粒体呼吸链复合物Ⅳ抑制剂被用于在试验中诱导肌细胞死亡(或凋亡)(Chen et al.，1998；Inomata and Tanaka，2003；Kositprapa et al.，2000)。在此基础上，我们设计了一种由 1mmol/L 叠氮化钠(NaN_3)介导的骨骼肌卫星细胞死亡的化学缺氧模型作为细胞模型来模拟研究在动物屠宰后控制肌肉细胞死亡过程的复杂机制。根据我们的研究结果提出了几个假说来详细阐述在本研究中肌细胞融合和在缺氧条件下细胞死亡过程中众多的候选基因的作用。

3.2 材料与方法

3.2.1 化学品的使用和实验室用品

除另有说明外，本研究使用的所有化学品及实验室用品均购自 Sigma-Aldrich Chemical Co. (St. Louis，MO，USA)和 Falcon Labware (Becton-Dickinson，Franklin Lakes，Nj，USA)。

3.2.2 韩牛骨骼肌卫星细胞的培养

3.2.2.1 韩牛肌肉样品的收集

两头 30 月龄的韩牛在屠宰房被电击后立即放血，本次采样获得了全北大学伦理委员会的许可。在肌肉采集过程中全程使用无菌技术。在屠宰后的几分钟内，肌肉内表面的皮肤被移除，从背最长肌取肌肉样本(大约每头牛采集 500g，Hanwoo Brown-韩牛的斑点品种)。将样品在 70%乙醇中快速洗涤一次，并立即加入浸泡在含有 1×抗生素(GIBCO)的 500mL PBS(在 800mL 样品烧杯中)中以除去乙醇，然后浸入 DMEM(GIBCO)，其中含有 5×的抗生素，并放置在冰块上。分离的肌肉样本应尽快被运送到细胞培养实验室。

3.2.2.2　韩牛原代骨骼肌卫星细胞的分离

从韩牛身上采集的肌肉中分离出骨骼肌卫星细胞的方法是根据 Dodson 等人(1987)的方法，并进行适当的改进，所有细胞分离培养工作都是在无菌的细胞室中进行的。简要而言，肌肉样本的外膜和脂肪被剪掉并丢弃，然后利用无菌绞肉机将肌肉条带彻底绞碎，在 37℃的 DMEM(无血清)中，用 1mg/mL 的链霉蛋白酶进行消化 60min。用 5mL 的移液管反复吹打消化物，直到无可见块状物。然后将悬浮液通过 100μm 的尼龙细胞过滤器。过滤后的悬浮液在 1500g 离心 10min，并将沉淀重悬于 15mL 温热的骨骼肌卫星细胞增殖培养基(DMEM，含 20%胎牛血清(FBS)，10%马血清(HS)，100IU/mL 青霉素、100μg /mL 链霉素)。将细胞悬液预先铺在 T-25 培养瓶上 2h，然后转移到 95%空气、5%二氧化碳培养箱的湿润环境中的 37℃新 T-25 的培养瓶中。48h 后，将培养基更换为生长培养基(含有 15%胎牛血清、100IU/mL 青霉素和 100μg/mL 链霉素的 DMEM)。生长培养基每周更换两次。

3.2.2.3　免疫磁珠法分选细胞(MACS)

当原代细胞培养达到 50%融合时，收集并重悬于补充有 0.5%BSA 和 2mmol/L EDTA 的磷酸盐缓冲盐水(PBS)中。离心(300g 10min)后，将沉淀的细胞(约 10^7 个细胞)重悬于 100μL 含有 10μg 成肌细胞特异性单克隆抗体(抗 M-钙粘蛋白抗体，BD biosciences)的 PBS 中。将细胞-抗体复合物在室温下温育 30min 并用 PBS 冲洗两次。接着在 6～12℃下用 20μL 抗小鼠 IgG1 微珠(Miltenyi Biotec，德国)温育 15min。最后，将细胞悬浮液(500μL PBS 中的 10^7 个细胞)加载到免疫磁珠细胞分选系统 AutoMACS(Miltenyi Biotec，德国)中以分离骨骼肌卫星细胞，收集后的细胞在含 95%空气和 5%的二氧化碳培养箱中 37℃下培养。在生长培养基中培养的韩牛骨骼肌卫星细胞在增殖至约 50%的融合后进行传达培养，细胞收集处理根据后续具体的实验进行处理，当前所有研究使用的细胞都控制在八代以内。

3.2.3　培养基成分及细胞处理

在含有达尔伯克氏改良伊格尔培养基(DMEM，GIBCO)，15%FBS(GIBCO)，100IU/mL 青霉素(GIBCO)和 100μg/mL 链霉素(GIBCO)的生长培养基中培养韩牛骨骼肌卫星细胞。细胞的诱导分化通过转移至融合培养基(新配的 DMEM,含 2%马血清(HS,GIBCO),100IU/mL 青霉素和 100μg/mL 链霉素),在细胞增殖达到融合之前在含 5% CO_2/95%空气的气体混合物的培养箱中 37℃进行培养。培养基每 3d 更换一次。由叠氮化物诱导的韩牛骨骼肌卫星化学缺氧模型实验中使用的叠氮化钠(NaN_3)必须在不含血清的 DMEM(血清)中现配现用。

3.2.4 细胞样品处理组的分类

在本研究中,细胞样本分为 3 期:骨骼肌卫星细胞形成融合单层(第 1 期细胞);第 1 期细胞在融合培养基诱导 8d 的细胞(第 2 期细胞);第 2 期的细胞用 1mmol/L 叠氮化钠(NaN_3)处理 24h 后的细胞(第 3 期细胞)。

3.2.5 MTT 法检测由叠氮化钠(NaN_3)诱导细胞死亡程序中细胞的活力

将骨骼肌卫星细胞以 1.0×10^4 细胞/孔接种在 96 孔板中并放置在完全生长培养基进行培养。当骨骼肌卫星细胞形成汇合单层时,用含有 2%马血清的融合培养基代替完全生长培养基进行培养。温育 8d 后,对细胞进行如下处理:①0.1mmol/L NaN_3;②1mmol/L NaN_3;③10mmol/L NaN_3 的 DMEM 中(不含血清)处理不同时间。用体外毒理学测定试剂盒(基于 Sigma,Tox1,MTT)和 Model 680 酶标仪(Bio-Rad)在 570nm 波长处测定细胞活力。这个实验是基于将四唑盐(MTT)细胞还原成一种由线粒体脱氢酶制成的甲酸盐产品,因此,它主要是检测活细胞中线粒体的活性(Mosmann,1983)。将结果与对照组(在不含 NaN_3 的融合培养基的对照孔中生长的细胞)比较,并进行统计学分析。

3.2.6 苏木精和伊红染色(H&E)

通过用苏木精溶液和伊红溶液固定来确定肌管形成的水平。简言之,将细胞用 10%福尔马林固定 30min,并用苏木精溶液(Sigma,GHS216)在室温下染色 5min。另外,福尔马林处理后的细胞用伊红 Y 溶液(MUTO PURE CHEMICALS CO. No. 3200-2,日本)染色 1min。用 95%乙醇洗涤细胞一次,再用无水乙醇洗涤两次后,用苏木素复染,并用安装在光学显微镜(Olympus CKE41,日本)上的数码相机(FOculus IEEE1394)拍照。融合指数的计算指形成多核细胞的数量占全部细胞数的百分比。

3.2.7 从培养的韩牛骨骼肌卫星细胞中提取总 RNA

使用 Trizol (Sigma)提取法进行。Trizol (Sigma)是一种能使苯酚和胍基异硫氰酸酯分层的化学试剂,在对细胞各个成分进行裂解的同时能够维持核内 RNA 的完整性。

3.2.7.1 细胞的裂解

根据试剂盒提取步骤,使用 Trizol 试剂对在 T-75 培养瓶中不同培养期的韩牛骨骼肌肉卫星细胞提取总 RNA。处理时,细胞首先用 10mL 冷 PBS 洗涤两次,然后加入 2mL Trizol 试剂并在室温下放置至少 2min 来收集细胞样品。将裂解物轻轻地倒转 2 至 3 次并立即收集使用或放置在－80℃冰箱中以进行长期储存。

3.2.7.2 细胞裂解液的相分离

将收集的细胞裂解液样品在室温下放置 5min。每 1mL Trizol 加入 200μL 分子级的氯仿(Sigma)后,在室温下将样品温育 10min,并每 15s 进行温和震荡,操作时与避免试剂的接触从而注意眼睛的保护,然后在具有温度控制(4℃)的超小型离心机中以 12000g 离心速度(Micro-High-Speed-Ref.-Centrifuge,VS-15000CFN Ⅱ,Korea)离心 15min。经过以上操作步骤后,细胞裂解液分离成无色的水相和有机相(含有苯酚和氯仿),RNA 只保留在上层水相中,而 DNA 和蛋白质可以通过进一步沉淀从有机相中进行提取。

3.2.7.3 RNA 沉淀、洗涤和再溶解

将上面的水相转移到单独的离心管中,注意不要将任何红色苯酚与无色水相混合(可以提取大约 750μL 的水相,但是为了防止 DNA 污染,推荐使用 550μL)。将 250μL 分子生物学级异丙醇和 250μL 的 1.2M/mL 的柠檬酸钠以及 0.8M/mL 的氯化钠加入水相中并轻轻混合。将样品在室温下温育 10～15min,并在 2～8℃(优选 4℃)温度下以 12000g 离心 10min。吸取上清液后再加入异丙醇以沉淀出 RNA,离心后在离心管的底部形成可见的块状物。通过倾倒移除掉异丙醇(确保 RNA 仍然在离心管的底部),然后在纯化洗涤步骤中用每毫升的初始裂解液加入 1mL 75%的乙醇洗涤 RNA 沉淀。其中使用的 75%乙醇的配置建议用 25mL 无核酸酶水或焦碳酸二乙酯(DEPC)处理的无核酸酶水(Ambion)溶解 75mL 纯乙醇进行配

备。洗涤的样品涡旋混合约10s后在4°下以7500g离心5min。应当小心地除去乙醇，以防RNA沉淀混合在其中而丢失。沉淀的样品在室温下进行风干，风干最好在无菌罩进行中，时间6min就足够了，长时间的风干会降低RNA的溶解度。仅部分溶解的RNA样品的A260 / 280nm值小于1.6。用微量移液管反复吸取30μL无核酸酶的水溶液（55～60℃）吹打风干的RNA沉淀10～15min。提取的RNA可以储存于－80℃的冰箱中供后续的使用。RNA的质量和纯度的检测可以使用分光光度计在260nm波长处读取RNA的吸光度，将检测的样品稀释100倍（即1μL的总RNA加99μL无核酸酶的水）加入比色杯中（Mechasys Co. Ltd，韩国）。吸光度读数用100μL无核酸酶的水进行矫正。

3.2.8 逆反转录

3.2.8.1 脱氧核糖核酸酶Ⅰ，扩增级处理

使用DNase Ⅰ，amp级（Invitrogen）和RNase-Out（Invitrogen）处理4μg总RNA以去除任何微量的gDNA（基因组）和抑制RNase酶的活性。以下试剂加入到15μL约4μg的总RNA中：

——15μL的总RNA约4μg

——2μL DNase Ⅰ，amp级，Ⅰ U /μL

——0.5μL RNase Out

——2μL 10x反应缓冲液

——加不含核酸酶的ddH_2O至20μL

处理的样品应在室温下放置30min～60min。通过向反应混合物中加入2μL 25mmol/L EDTA溶液在65℃下温育10min来停止DNA酶Ⅰ的反应。RNA样品现在可以准备进行逆转录或者样品可以保存在－80℃中以备将来使用。在逆转录步骤中使用5μL DNase Ⅰ处理的总RNA大约可以获得1μg作用的总RNA。

3.2.8.2 从总RNA中合成cDNA第一链

使用M-MLV逆转录酶的方案来进行cDNA第一链的合成。M-MLV逆转录酶可用于总RNA的寡核苷酸（dT），随机引物和基因特异性引物。本研究中的M-MLV逆转录酶，模板RNA和引物浓度的最佳条件经过多次试验取得了最近方案。在冰上进行操作将下列试剂200μL PCR微量离心管中：

——5μL 4μg DNA 酶Ⅰ处理的总 RNA

——2μL 锚定寡核苷酸 $d(T)_{12-18}$（推荐以 50μmol/L 的浓度溶解在不含 RNA 酶的 DEPC 处理水中，Gene link）

——2μL 5mmol/L 脱氧核苷酸混合物（各 5mM dATP，dGTP，dTTP，dCTP，中性 pH）

——DEPC 处理水至 16μL

轻轻混合并短暂离心收集所有组分到管底部。将试管置于在 70℃下温育 5min，并在冰上快速冷冻至少 1min。这一步打开了 RNA 的高级结构，并有助于引物与 RNA 分子的结合。收集到的混合中添加以下成分：

——2μL 10x M-MLV 逆转录酶缓冲液

——1μL SUPERase 抑制剂（Ambion）

——1μL M-MLV 逆转录酶

共 20μL

轻柔混合试管后短暂离心收集反应物。将试管于 37℃下放置 50min，然后在 82℃下 10min，然后在 4℃下 5min。cDNA 的第一条链现在可以通过 PCR 进行扩增，或者保存在－20℃用于后续的实时 PCR 操作步骤。

3.2.9　实时 PCR 的引物设计

设计实时 PCR 引物以扩增目的基因的 3′区域为宜。目的基因的 cDNA 序列通过使用参考基因登录号或基因名称从网站中搜索查找。查找到的基因序列导入 Primer Premier 5.0 软件。这些引物可以根据实时 PCR 的特定要求而设计。扩增产物的设计要避免处于内含子上，以确保因为可能含有污染的基因组 DNA 而带来实验偏差。产物长度最小为 80bp，最大 150bp，Tm 值为 50～60℃之间，没有互补结构的结合以避免引物二聚体的产生（设计的引物见表 3-1）引物以 18～22 个核苷酸长度为佳，避免多碱基延伸以防止不适当的杂交，引物应该具有相近的解链温度（相差 5℃以内），40%～50%的 GC 含量。在所有这些说明中，完全符合条件的引物对很难得到，因此可能需要进行多次试验来获得扩展效果好的引物来扩增目的基因。引物效果的测试通过逆转录 PCR 以确保获得仅一种产物，通过在琼脂糖凝胶电泳单一条带进行测试。同时也使用熔解曲线分析特定验证的产品确保只有一个峰值。设计效果好的 PCR 引物重悬于 TE 液中，然后在 DEPC 处理的水或无核酸酶水（Ambion）中稀释至 10μmol/L 作为工作液。

表 3-1　实验一采用实时 RT-PCR 的引物和反应条件

Gene	Primer Sequences (5′～3′)	Amplicon length (bp)	Annealing (℃)	GenBank accession No.
CAPN1 (μ-calpain)	Forward: CCCTCAATGACACCCTCC Reverse: TCCACCCACTCACCAAACT	109	57	AF221129.1
Calpastation	Forward: ACATAGAGGAACTGGGTAA Reverse: TCAAGGAGTCTGGAGGAG	102	55	AF159246.1
CASP3 (caspase 3)	Forward: GTTCATCCAGGCTCTTTG Reverse: TTCTATTGCTACCTTTCG	97	56	NM_001077840.1
CASP7 (caspase 7)	Forward: GAATGGGTGTCCGCAACG Reverse: TTGGCACAAGAGCAGTCGTT	106	51	XM_604643.4
CARD9	Forward: CGCCACCATCTTCTCCCTG Reverse: TCCAACGTCTCCTTCTCCTCC	84	60	BC116138.1
HSPB1 (HSP27)	Forward: ACCATTCCCGTCACCTTCC Reverse: TCTTTACTTGTTTCCGGCTGTT	83	59	NM_001025569.1
HSP70	Forward: CGTGATGACCGCCCTGAT Reverse: CGGCTGGTTGTCCGAGTA	85	56	AY662497.1
Hsp90alpha (HSP90)	Forward: TTGGCTATCCCATCACTC Reverse: TTCTATCTCGGGCTTGTC	137	53	AB072368.1
GAPDH	Forward: CACCCTCAAGATTGTCAGC Reverse: TAAGTCCCTCCACGATGC	98	57	NM_001034034

3.2.10 实时聚合酶链式反应(实时 PCR)

使用实时聚合酶链式反应(实时 RT-PCR)来扩增目的基因,同时实时监测产物表达量的扩增。在进行的两步 RT-PCR 中使用 SYBR Green Ⅰ染料(Bio-Rad)在 CFX96 实时 PCR 检测系统(Bio-Rad)中"实时"直接检测 PCR 产物的表达情况。SYBR Green Ⅰ染料直接附着在双链 DNA 上,通过系统实时测量并记录荧光的释放。如上所述进行了逆转录后制备出 cDNA,将 1μL cDNA 加入 SYBR Green PCR 的混合物中,并使用以下试剂进行 20μL 体系反应:

——10μL SsoFast EvaGreen Supermix(2x 浓度)

——1μL 目标基因的正向引物(10pmol)

——1μL 目的基因的反向引物(10pmol)

——1μL 的 cDNA

——不含核酸酶的水至 20μL

上述体系完成后将 2 倍浓度 SYBR Green 的原始原液稀释成 1 倍浓度的反应混合物。然后将反应混合物加入多重的 96 孔透明 PCR 板(Bio-Rad)中。将反应板用膜(PCR 封闭器,Bio-Rad)密封,短暂离心 30s 以收集样品,并在 CFX96 实时 PCR 检测系统(Bio-Rad)中实时扩增产物。反应体系所用的循环条件如下:95℃保温 3min 使 cDNA 变性,然后进行 40 个循环的 95℃ 10s,退火温度 10s(表 3-1)。40 个循环之后,在每个步骤中从 65℃至 95℃进行熔融步骤,增加 0.5℃。如果在这些条件下得不到好的结果,退火温度通常会改变。如果扩增结果不成功,则将富 GC 解决方案添加到反应混合物中。如果还不成功,则需要考虑重新设计引物。

3.2.11 结果分析

对每对 PCR 引物扩增结果进行熔融曲线分析,以确保每对引物只出现一个峰值。如果有一个以上的峰,这是由于引物二聚体或污染基因组 DNA。当引物产生一个以上的峰值时,通常会重新设计引物。在对熔体曲线进行分析后,利用比较定量函数给出 CT 值和扩增效率。根据 $2^{-\triangle\triangle CT}$ 法计算相对比值(Pfaffl,2001)。将该拷贝数与内参基因(GAPDH)的平均值进行比较,给出相对的表达水平。将基因表达的变化与未处理的样本进行比较,作为基因敲除数据的对照或特定对照。

3.2.12 从 T-75 培养瓶中刮取培养的韩牛骨骼肌卫星细胞

取出培养好的韩牛骨骼肌卫星细胞培养瓶，去除培养基后，再用 5mL 磷酸盐缓冲液（PBS）冲洗两次。每瓶加入 1xD-PBS（GIBCO）5mL，用“SPL”细胞刮刀刮除细胞（叶片角可调，DAIHAN）。在每培养瓶刮大约 1min 后，液体被转移到离心管里。细胞在 4000g 下形成球团，离心去除上清液，细胞再悬浮于 100～200μL 的裂解缓冲液中[1mM EDTA，150mM NaCl，0.25% SDS，1% NP40，50 mM Tris pH 7.4，外加蛋白酶抑制剂 Cocktail（Sigma）和磷酸酶抑制剂（Sigma）]。收集好的细胞可以在－80℃保存，直至蛋白质提取。

3.2.13 从韩牛骨骼肌卫星细胞中提取蛋白质

从培养的韩牛骨骼肌卫星细胞中提取总蛋白，用 Western blotting 法进行分析。细胞收获后，用 0.45mm 口径针头注射器机械吹打 10 次左右解冻的细胞收集液。在这个阶段，为了防止蛋白质变性，样品一直应放置在冰上。然后在 12000g 下离心 5min，将上清液转至清洁的离心管中，并存放在－20℃，同时应防止蛋白质样品的反复解冻和冷冻，以避免降低蛋白质的质量，或者防止蛋白质的变性。

3.2.14 蛋白质质量和浓度的评估（Bio-Rad DC 蛋白分析）

每一份收集样品中提取的蛋白质都用 DC-蛋白质分析（Bio-Rad）进行质量和浓度的检测。该方法是以蛋白质与碱性酒石酸铜溶液和福林试剂的反应为基础的除垢剂中蛋白质浓度检测的比色法。主要是根据生产商推荐的微板检测方案进行检测。简要步骤是用牛血清白蛋白（BSA）稀释制作成 0.2～1.6mg/mL 的蛋白质标准稀释液，并用此蛋白质标准稀释液来建立一个标准曲线，而所有未知样本的蛋白质浓度是根据标准曲线比较而测量得到。

将 5μL 的标准液和待测的样品液加入干净、干燥的微滴板中，在每个孔中加入 200μL 的试剂 B，然后在每个孔中加入 25μL 的试剂 A，在室温下孵育 15min 后，如果气泡形成，用干净干燥的吸管尖把它们吹散。注意避免取样时交叉污染。15min 后，将微滴度板放置在 680 型平板阅读器（Bio-Rad）中，混合 10s，然后在 750nm 处读取吸光度。吸光度将稳定 1h 左右。

首先记录蛋白质标准吸光度，建立蛋白质浓度与吸光度的标准曲线（图 3-1）。用微板阅读器读取每个蛋白质样品的吸光度，并根据标准曲线计算出每个蛋白质样品的浓度。

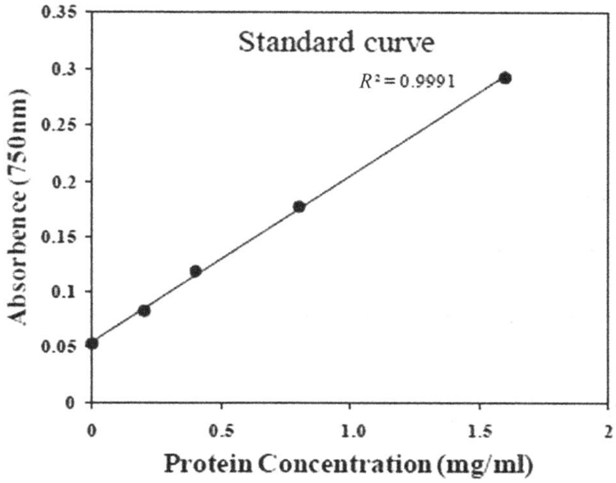

图 3-1　蛋白质定量分析中使用的标准曲线

Figure 3-1　Standard curve used in protein quantification analysis.

3.2.15　抗体

本研究中使用的抗体及其来源见表 3-2。

表 3-2　一级抗体

Table 3-2　Primary antibodies

Antibody	Source	Dilution Factor
Rabbit polyclonal anti-caspase 3 (Clone polyclonal)	Acris antibodies GmbH	1∶1000
Monoclonal antibody to caspase 7 (Clone 7CS03)	Acris antibodies GmbH	1∶1000
Clone polyclonal to caspase 8	Acris antibodies GmbH	1∶1000
Clone polyclonal to caspase 9	Acris antibodies GmbH	1∶1000

续 表

Antibody	Source	Dilution Factor
Clone polyclonal to caspase 12	Acris antibodies GmbH	1∶1000
Mouse anti Hsp27 monoclonal antibody (Clone G3.1)	Stressgen	1∶1000
Mouse anti Hsp70 monoclonal antibody (Clone C92F3A-5)	Stressgen	1∶2000
Mouse anti Hsp90 monoclonal antibody (Clone AC88)	Stressgen	1∶1000

3.2.16 蛋白质免疫印迹法

3.2.16.1 原理

蛋白质免疫印迹法可以测量混合蛋白质样品中特定目的蛋白质的相对含量(Laemmli,1970)。蛋白质在强还原剂中变性,去除所有二级和三级结构,并给它们以均匀的负电荷。然后用 SDS-PAGE 电泳根据分子质量的大小来分离蛋白质。因为蛋白质带负电荷,所以它们通过凝胶电泳被运到阳极。由质量大小决定电泳的速度(小蛋白质快速迁移,大蛋白质缓慢迁移)。然后分离出的蛋白质被转移到膜上,通常是聚偏二氟乙烯(PVDF)或硝化纤维。由于这些膜与蛋白质有很强的结合,它们也会与接触到的任何抗体结合。为了防止这种非特异性的结合,膜被孵化在含有普通蛋白质的封闭溶液中,例如牛奶或 BSA。下一步是用一种专门识别目标蛋白质的初级抗体来探测膜,然后用一种针对该蛋白的次级抗体孵育。第二抗体与辣根过氧化物酶(HRP)结合,在过氧化氢存在下催化鲁米诺氧化反应,在鲁米诺氧化后产生一种与膜上抗体杂交的蛋白质量成正比的蓝光。这种反应是在照相胶片上捕捉记录下来。

3.2.16.2 方法

在约 20～30μg 蛋白质中加入适量的 5 倍上样缓冲液,然后煮沸5min。用 12.5% 聚丙烯酰胺分离凝胶结合 4%个聚丙烯酰胺浓缩胶上分离样品,在 200mA 条件下将蛋白质凝胶转移到膜上 1h,然后用含有 2% ECL 封阻剂的 TTBS (20mmol/L Tris, 137mmol/L NaCl, 5mmol/L KCl, 0.05% Tween 20) 封膜 1h。第一抗体的标记用兔 X-小鼠 IgG 或 HRP 结合物标记在室温处理 1h 后,用 BCIP/NBT 底物(Bio-rad 实验室,CA)或 ECL 试剂盒(美国,英国)处理膜后,按 Hwang(2004)描述的方法观察结合抗体的效果。

3.3 统计分析

实验结果的统计分析主要是用 T 检验统计结果的显著性,当 $p<0.05$ 时判定为统计学的显著性意义,对每个变量采用方差分析确定统计意义,条带的定量分析一般采用 Bio-Rad 公司的 Quantity One 分析软件进行,必要时数据进行转换,使用 Excel 2007 软件进行描述性测量和图形显示等基本统计分析。在需要对均值进行比较分析的情况下,可以使用其他统计软件,如 SPSS 不同版本的软件。

3.4 结果

3.4.1 成年韩牛骨骼肌卫星细胞在培养过程中的形态学变化

韩牛骨骼肌卫星细胞培养 20d,观察不同时期韩牛骨骼肌卫星细胞的增殖情况(图 3-2A)。所有韩牛骨骼肌卫星细胞在第 3 天均为单核细胞(图 3-2a)。在培养期第 7 天,当细胞几乎达到汇合点时(图 3-2b)时更换为融合培养基诱导其分化,于培养期第 15 天形成肌管(图 3-2c)。在更换融合培养基后第 5 天,约有 8%±1.8%的细胞核为多核成肌细胞,到 8 天后融合细胞的比例增加到 27%±2.2%,但融合后第 8 天细胞会开始批量死亡,第 15 天融合细胞的百分比下降至 3%(图 3-2B)。

3.4.2 第 2 期细胞对不同浓度叠氮化钠介导的化学缺氧的差异反应

图 3-3 显示了不同浓度叠氮化钠(NaN_3)处理第 2 期细胞后细胞的活力。利用 MTT 法检测在加入了 0.1mmol/L 浓度叠氮化钠(NaN_3) 24h 后大约 25%的细胞死亡,48h 后大约有 30%细胞死亡。在加入 1mmol/L 浓

度的叠氮化钠（NaN_3）在 24h 后细胞显著死亡（＞90％）。在加入 10mmol/L 浓度叠氮化钠（NaN_3）6h 后大约 60％的细胞死亡，在 12h 后 90％的细胞发生死亡。基于以上反应结果，我们决定将第 2 期细胞处理不同浓度叠氮化钠（NaN_3）24h 作为优化了的处理条件，并进行了后续的试验。

3.4.3 骨骼肌卫星细胞分化过程中候选基因的 mRNA 表达水平及特异目标蛋白的表达变化

在骨骼肌卫星细胞分化过程中，采用如前所描述的实时 RT-PCR 方法检测细胞中 CAPN1 (u-calpain)，calpastatin，CASP3 (caspase 3)，CASP 7 (caspase 7)，CARD 9 各个基因的 mRNA 表达水平。实时 RT-PCR 结果显示，第二期骨骼肌卫星细胞融合 8d 后与融合前的第 1 期细胞相比，CAPN1 (u-calpain)，calpastatin，CASP 3 (caspase 3)，CASP7 (caspase 7)，CARD9 基因的 mRNA 表达水平显著升高（图 3-4）。在骨骼肌卫星细胞分化过程中 caspase 3、caspase 7、caspase 8、caspase 9、caspase 12、HSP27、HSP70 和 HSP90 的蛋白表达水平通过免疫印迹法进行了检测，实验结果如图 3-5 所示，其中 caspase 3、caspas 7、caspase 8、caspase 9 蛋白的表达活性在第二期细胞中较第一期细胞高。

3.4.4 骨骼肌卫星细胞在缺氧条件下候选基因的 mRNA 表达水平及特异目标蛋白的表达变化

我们使用如前面描述的实时 RT-PCR 方法检测了未处理组和经过 1mmol/L叠氮化钠处理组细胞中 CAPN1，calpastatin，CASP3，CASP7，CARD9，HSPB1 (HSP27)，HSP70 和 HSP90 基因的 mRNA 表达水平。实时 RT-PCR 显示，用 1mmol/L 叠氮化钠处理的第 3 期缺氧条件下细胞相比于未处理的第 2 期对照组细胞 CAPN1，calpastatin，CASP7，HSP70，HSP90 基因表达增加而和 CARD9 基因 mRNA 表达水平降低了（图 3-5）。通过 Western 印迹检测在缺氧条件下细胞内 caspase 3，caspase 7，caspase 8，caspase 9，caspase 12，HSP27，HSP70 和 HSP90 的蛋白水平表达水平，如图 3-6 所示，1mmol/L 叠氮化钠处理第 3 期在缺氧条件下的细胞与第 2 期细胞相比，caspase 7 和 caspase 12 表达活性增加，HSP70 和 HSP90 蛋白表达是显著增加。

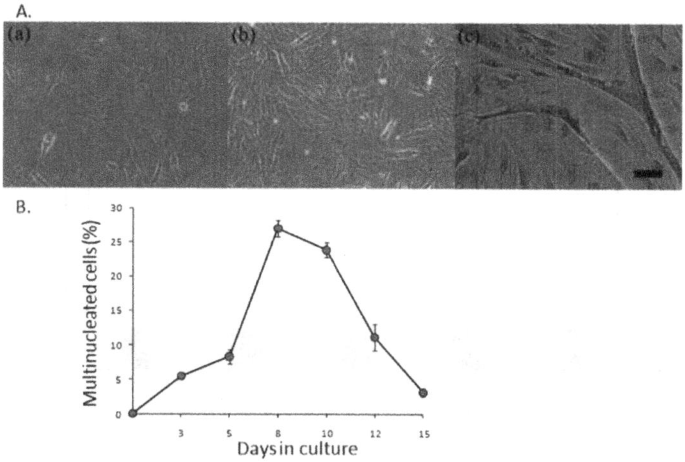

图 3-2　成年韩牛骨骼肌卫星细胞具有分化为多核细胞的潜能。A. 韩牛骨骼肌卫星细胞培养过程中形态学的变化：(a)培养了 3d 的韩牛骨骼肌卫星细胞。(b)培养的骨骼肌卫星细胞在第 7 天开始融合。(c) 用苏木精和伊红染色在第 15 天呈现的肌管。其中箭头表示融合成肌管的细胞。B. 培养不同融合天数的多核细胞的比例

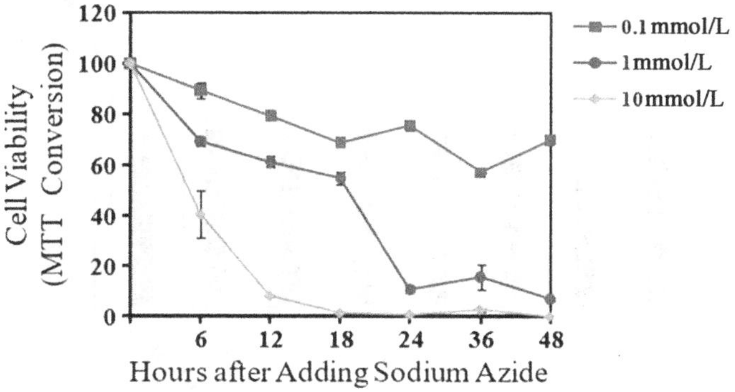

图 3-3　MTT 法检测利用叠氮钠诱导韩牛骨骼肌卫星细胞后不同时间点的活性分析。融合后的骨骼肌卫星细胞培养 8d 后成为第 2 期细胞，经 0.1mmol/L，1mmol/L，10mmol/L 浓度的叠氮钠处理后，对如图所示时间点的细胞进行 MTT 分析，用 570 nm 处的光密度法测定其细胞活力。每个点代表了八组重复实验的平均值

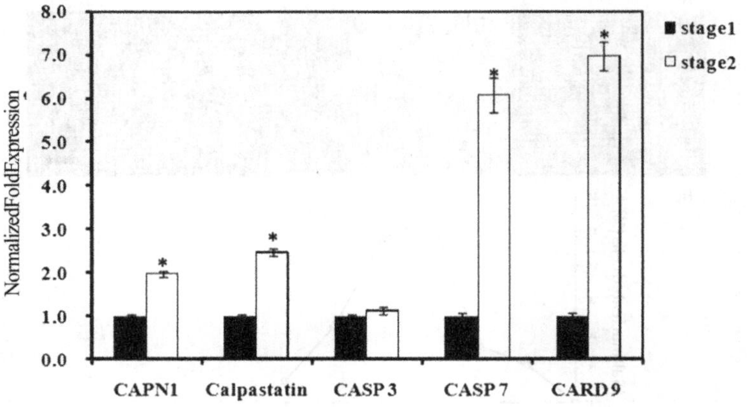

图 3-4　实时荧光定量 RT-PCR 检测第 1 期和第 2 期细胞中相关基因的 mRNA 的表达。将第 1 期细胞表达量标准化为 1，计算了第 2 期细胞基因的相对表达量。每个 RT-PCR 反应重复五次，结果表示为五次实验的平均±标准误差，每个基因表达用内参基因 GAPDH 的表达量进行矫正。* $p<0.05$

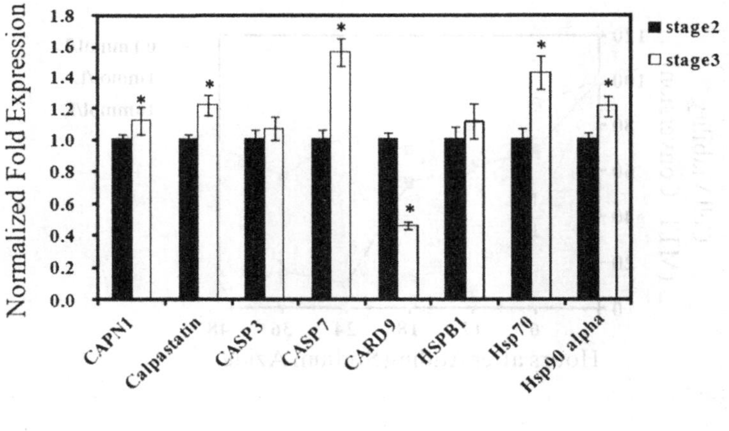

图 3-5　实时荧光定量 RT-PCR 检测第 2 期和第 3 期细胞中相关基因的 mRNA 的表达。将第 2 期细胞表达量标准化为 1，计算了第 3 期细胞基因的相对表达量。每个 RT-PCR 反应重复五次，结果表示为五次实验的平均±标准误差，每个基因表达用内参基因 GAPDH 的表达量进行矫正。* $p<0.05$

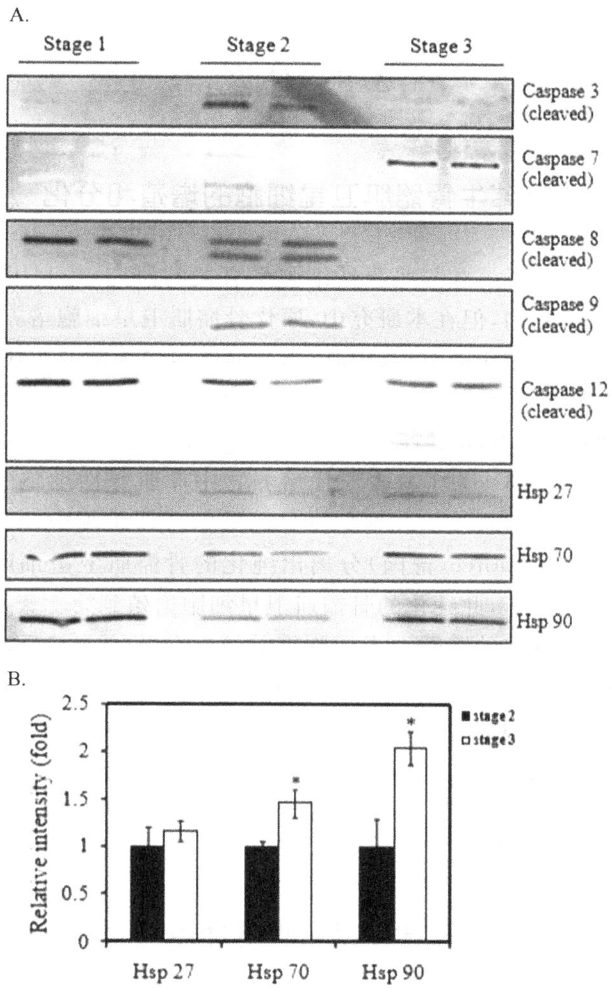

图 3-6　在第 1 期至第 3 期韩牛骨骼肌卫星细胞中特定目标蛋白质的表达。如所前面所述在不同阶段收集细胞。A. 用免疫印迹法分析测定特定蛋白质的水平：anti-caspase-3，anti-caspase 7，anti-caspase 8，anti-caspase 9，anti-caspase 12，anti-HSP27，anti-HSP70 和 anti-HSP90 抗体。在数据代表重复三次的实验的平均值。B. 利用 Western 印迹的光密度扫描量化第 2 期细胞和或第 3 期细胞中 HSP27，HSP70 和 HSP90 蛋白表达的水平。每个数据代表第 3 期细胞相对第 2 期细胞表达的平均值(三次重复实验的平均值)。$* p<0.05$

3.5 讨论

3.5.1 成年韩牛骨骼肌卫星细胞的增殖和分化

先前已经建立了一些与肌源性细胞系有关的研究，是利用体外模型来研究相关分子机制的，但在本研究中，原代骨骼肌卫星细胞培养直接来源于成年韩牛背最长肌的肌肉组织，因此，本骨骼肌卫星细胞的原代培养所显示的体外特性比转化其他细胞系更能反映其体内特性(Allen,1987)。然而，在一般的细胞培养中确实容易有非肌源性细胞的存在(Bischoff,1974; Dodson et al.,,1986)，为了减少原代培养物中非肌源性细胞的存在，本研究将原代提取的细胞悬液加载到免疫磁珠细胞分选系统中，利用自动细胞分选系统(Milteny Biotec,德国)分离出纯化的骨骼肌卫星细胞，而且在我们的标准培养条件下，此纯化的骨骼肌卫星细胞增殖到第 7 天，它们开始融合并预期形成了较多的肌管。当细胞培养转入分化培养基后，在融合后第 5 天后融合指数为 8±1.8%，融合第 8 天后为 27±2.2%(图 3-2b)，表明成年韩牛骨骼肌卫星细胞有分化为多核细胞的潜能，此结果与 Kook(2006)和 Cassar-Malek 等人(1999)的研究结果一致。在本研究中，融合细胞的比例融合 8d 后开始下降，可能因为细胞过度融合，融合的细胞导致有丝分裂指数降低，最终导致细胞死亡(图 3-2b)。

3.5.2 本研究中化学缺氧模型的优点

Chen 等人(1998)报道了利用叠氮化钠(NaN_3)作为线粒体呼吸链复合物Ⅳ抑制剂在培养的新生大鼠心肌细胞中诱导了心肌细胞的死亡(或凋亡)。也有相关动力学分析表明，在其研究中使用的 1mmol/L 叠氮化物条件下触发了细胞的慢性(低速)死亡过程，而在 100mmol/L 叠氮化物中观察到更广泛和快速的肌细胞杀伤，这也同时发现导致了培养细胞的坏死而不是细胞凋亡(Kressel et al., 1994)。在目前的研究中，我们使用 10mmol/L NaN_3也观察到快速的细胞杀伤(图 3-3)。在实验中，我们发现在使用低浓度的叠氮化钠(1mmol/L)处理时，在 24h 后导致第 2 期细胞的死亡(>90%)。本研究中使用的 1mmol/L 叠氮化物条件代表轻度缺氧，其效果与 2-脱氧葡萄糖(糖酵解阻断剂)、酸中毒或血清缺失或高浓度叠氮化物或氰化物结合以加速低氧条件的效果类似（Altschuld et al.，1981；Ohata et al.，1994）。基于这些结果，我们主要研究了 1mmol/L NaN_3诱导的第 2 期细胞死亡过程，用其模拟动物屠宰后肌肉中的低氧条件。这种简单且可重复的化学缺氧模型的方法及易控的时间进程有助于研究动物机体内发生的生化事件，而这些过程经常在动物屠宰后（死后）的肌细胞死亡过程中发生。

3.5.3　韩牛骨骼肌卫星细胞分化过程中 mRNA 和蛋白的表达

肌成肌细胞分化和融合为肌管与蛋白质的转换和结构重组有关，但是其机制尚不完全清楚。一些研究显示在胎儿成肌细胞原代培养中（Kwak et al.，1993；Brustis et al.，1994；Cottin et al.，1994），或在肌肉再生过程中的体内研究（Spencer et al.，1995；Spencer Tidball，1996）表明，calpains 可能在融合过程中发挥重要作用。而我们的研究表明，CAPN1 基因的 mRNA 表达量从第 1 期细胞（增殖阶段）到第 2 期细胞（分化阶段）过程中增高（图 3-4），我们的结果与先前的研究结果一致（Theil et al.，2006；Poussarda et al.，1993）。calpains 的功能很可能是切断细胞骨架膜的附着，这肯定是使成肌细胞融合的先决条件（Goll et al.，2003）。然而，在本研究中，calpastatin mRNA 表达在细胞融合过程中出现了上调（图 3-4），蛋白酶抑制剂 calpastatin 被证明能抑制大鼠和小鼠成肌细胞的融合（Temm-Grove et al.，1999），与此相一致的是，在融合过程中，在 mRNA 水平（Barnoy，2000）和蛋白质水平（Barnoy，1996）的大鼠成肌细胞融合过程中，calpastatin 出现了下调。然而，泰尔等人报告说，calpastatin 在猪的原代骨骼肌卫星细胞（Theil et al.，2006）的肌细胞发生融合过程中 mRNA 表达量增加，所有这些现象可能是因为不同来源的肌肉细胞（物种和细胞系与原代培养的细胞）的生长受到不同的调控机制。

本研究采用实时 RT-PCR 技术的研究结果表明，与融合前细胞（第 1 期细胞）相比，融合 8d 后的细胞（第 2 期细胞）的 CASP 7 和 CARD 9 基因的 mRNA 表达增加（图 3-4），Western blotting 结果显示，第二期细胞的 caspase 3、caspase7、caspase 8、caspase 9 活性较第一期细胞增加（图 3-6A）。CARD9 是 CARD 蛋白家族的成员，它是由一个特征性的与细胞凋亡蛋白酶相关的招募域（CARD）的存在所定义的，CARD 是已知参与激活或抑制含有 caspase 家族成员的蛋白质相互作用的结构域，因此在细胞凋亡中起着重要的调节作用。caspase 是与凋亡激活因子 BCL10/CLAP 和 NF-κB 信号通路相互作用的蛋白质（Bertin et al.，2000），caspase 是参与凋亡过程中蛋白质降解的蛋白酶，最近的研究表明，它们在骨骼肌细胞内表达，并且在该组织中确实存在凋亡(Belizario et al. , 2001; Leeuwenburgh, 2003; Sandri et al. , 2001; Sandri, 2002)。根据 caspase 在细胞死亡途径上的位置，可以将其细分为启动型 caspase，如 caspase 8、caspase 9、caspase 10 和 caspase 12 或效应型 caspase，如 caspase 3、caspase 6 和 caspase 7 等(Earnshaw et al. , 1999)。在我们的研究中，CASP7 和 CARD9 基因的 mRNA 表达量显著增加(图 3-4)和 caspase 3、caspase 7、caspase 8、caspase 9 的蛋白活性水平增加(图 3-6A)，表明在韩牛骨骼肌卫星细胞分化过程中确实发生了细胞的凋亡。在本研究中，在韩牛骨骼肌卫星肌形成过程中 caspase 8 和 caspase 9 作为启动型的 caspase，而 caspase 3 和 caspase 7 作为中心效应型的 caspase 参与了成肌细胞过程中的细胞凋亡途径。

3.5.4 在低氧条件下的韩牛骨骼肌卫星细胞分化过程中相关 mRNA 和蛋白的表达

在所有肉用动物中，无论采用何种技术，屠宰过程的最后阶段都会流血。动物被放血后，所有细胞都处于缺氧状态，不再获得营养。在这种情况下，每个细胞都可以通过启动凋亡过程决定死亡。凋亡过程会引起死亡细胞的一系列生化和结构上的变化，这种情况在屠宰动物后的肌肉细胞中会普遍发生(Ouali et al. , 2006)。叠氮化钠(NaN_3)作为线粒体呼吸链复合体Ⅳ抑制剂，在许多实验中被用来诱导心肌细胞死亡(细胞凋亡)(Chen et al., 1998; Inomata and Tanaka, 2003; Kositprapa et al., 2000)。在本研究中我们以 1mmol/L 浓度的叠氮化钠(NaN_3)介导的骨骼肌卫星细胞化学缺氧模型作为细胞模型，来探讨模拟动物屠宰后肌肉细胞死亡过程的复杂生化机制。caspase 可在缺氧/缺血相关病理事件中被早期激活(Gustafsson and Gottlieb, 2003)就类似于这种低氧状态。效应型 caspase 由上游的启动型 caspase 激活，一旦激活目标并切割特定的底物，就会导致细胞解体(Fuentes-Prior and Salvesen,2004)。研究结果表明，1mmol/L 浓度的叠氮化钠(NaN_3)处理的细胞(第 3 期细胞)与未经处理的细胞(第 2 期细胞)相比，通过实时 RT-PCR 检测到 CASP7 基因的 mRNA 表达增强而 CARD9 基因的 mRNA 表达减少 (图 3-5)，而且也通过蛋白质印迹检测到在细胞缺氧条件下 caspase 7 和 caspase 12 表达活性增强(图 3-6A)。

最近的肉品质研究工作主要集中在试图确定 caspase 在动物屠宰后的早期死后肌肉中是否活跃，以及试图发现它们是否切割肌原纤维结构中的蛋白质。Kemp 等人研究了 caspase 在长达 21d 的条件下在羔羊肌肉中是否有活性。在屠宰两组羔羊的早期死后肌肉中，caspase 3/7 的联合活性都会随着死后保存时间的延长而降低，而 caspase 9 则在 caspase 3/7 变化之前相应发生；所以这两种 caspase 活性之间存在正相关关系（$p<0.001$）（Kemp et al.，2009）。在先前的研究中，Kemp 等人还报告说，在死后调节期的早期，猪的背最长肌肌肉中 caspase 3/7 和 caspase 9 的活性最高（Kemp et al.，2009）。我们的结果似乎与 Kemp 的研究有一些不同，这主要可能是由于 caspase 通过多种途径被激活，特别是在屠宰后早期的肌肉死后蛋白水解过程中，在整个细胞凋亡过程的最后阶段，启动型 caspase 和效应型 caspase 在很短的时间内被激活，从而导致细胞死亡。在本研究中，我们建立了这种化学缺氧模型来模拟细胞的凋亡过程，以探讨 caspase 激活的时间效应和线粒体的抑制效应。这是一种比较容易客观分析的方法，尤其是研究动物屠宰后肌肉细胞死亡过程中各种复杂分子机制的研究中。根据我们的研究结果，caspase 7 可能作为中心效应型因子介导了 caspase 12 的激活，从而参与了多种细胞的凋亡途径。

在本实验中，用实时 RT-PCR（图 3-5）和免疫蛋白印迹法（图 3-6B）检测了在细胞缺氧条件下（第 3 期细胞对比第 2 期细胞）HSP70 和 HSP90 的表达在 mRNA 水平和蛋白水平均明显增加。虽然有大量的研究关注了家畜的肉质中的热休克蛋白（Fischer et al.，2002；Welch，1992），但这些伴侣蛋白在肉质熟化过程中的作用机制尚不清楚。为了更好地了解这些热休克蛋白在肉质熟化过程中的作用，非常有必要研究在肉质熟化过程中这些热休克蛋白自身的相互作用机制及与其他蛋白的互作效应。热休克蛋白 HSP70、HSP90 和小 HSP27 均为应激诱导的蛋白，在哺乳动物细胞热休克预处理普遍发生上调（Beere，2004）。这些热休克蛋白均具有保护细胞结构免受凋亡的伴侣功能（Mosser et al.，1997；Pandey et al.，2000；Concannon et al.，2003）。在一项涉及大鼠培养的星形胶质细胞的研究中发现 HSPs 通过抑制 caspase 3 的激活而不影响线粒体功能障碍从而来抑制细胞的凋亡（Takuma et al.，2002）。也有相关的研究表明 HSP70 是细胞凋亡过程的强有力抑制因子，主要通过调节下游的细胞色素 C 的释放和在 HSP70 过表达的细胞中激活上游的 caspase-3 的活性（Li et al. ，2000）。还有研究报告表明在单核细胞中 HSP27 调节细胞凋亡是通过抑制 caspase-3 蛋白水解来实现的（Voss et al.，2007）。然而，HSP 的抗凋亡机制仍存在有争议（Ahn et al.，1999；Creagh et al.，2000；Jäättelä et al.，1998；Mosser et al.，1997）。本研究在利用叠氮化钠（NaN_3）缺氧诱导的细胞凋亡过程中，HSP70、HSP90、caspase7 和 caspase12 的表达显著增加（图 3-5 和图 3-6），表明 HSP70 和 HSP90 在第 3 期细胞中可能是细胞凋亡过程的强抑制因子并且是通过激活上游 caspase-7 的活性实现的，可以推测

HSP70 和 HSP90 可能是动物屠宰后肌肉熟化过程中的关键候选基因。

综合上述结果，我们认为 caspase 7、caspase 12、HSP70 和 HSP90 参与了细胞在缺氧条件下的凋亡过程，有必要进行进一步的研究来确定韩牛骨骼肌卫星细胞在缺氧过程中发生的细胞凋亡是哪些 caspases 的活性被激活而执行了起始型机制，水解蛋白之间的互作机制等这些方面的知识也需要进行进一步的研究。通过我们的研究我们推测在动物屠宰和放血过程中肌肉细胞可能启动了凋亡途径，而 caspase 活性表达则参与肌肉蛋白的水解和肉质嫩化过程。

3.6 结论

本研究表明，从韩牛骨骼肌中可分离出卫星细胞，这些肌细胞能够增殖并分化为肌管，与第 1 期细胞相比，第 2 期细胞中的 caspase 3、caspase 7、caspase 8、caspase 9 基因的 mRNA 表达量显著增加，caspase 3、caspase 7、caspase 8、caspase 9 蛋白的活性增强，表明这些基因和蛋白对骨骼肌卫星细胞的增殖具有重要的作用。蛋白免疫印迹结果表明，Caspase 7、caspase 12、HSP70 和 HSP90 参与了缺氧条件下细胞凋亡的过程，表示这些蛋白可能参与了动物屠宰后肉质熟化过程中蛋白质的分解和肉质嫩化，这种化学缺氧模型的易操作性及时间过程的控制有助于研究屠宰后肌肉细胞死亡过程中发生的生化事件。当然还需要进一步的试验来研究动物屠宰后肌肉中的生物化学变化及本研究中提出的各种假设之间的详细关系。

第4章　实验二:靶向性抑制韩牛骨骼肌卫星细胞中 μ-calpain 和 caspase 9 基因的表达及其对 caspase 3 和 caspase 7 基因表达的互作效应研究

4.1　研究背景介绍

肌肉组织具有在动物出生后生长发育和内在的再生能力主要是由于存在位于肌肉纤维膜和纤维基底膜之间的骨骼肌卫星细胞(Bischoff,1986)。在农业研究领域,对骨骼肌卫星细胞参与动物出生后肌肉的生长发育、骨骼肌肥大和肌纤维再生中问题比较关注。钙蛋白酶是胞内非溶酶体 Ca^{2+} 调节的半胱氨酸蛋白酶,它介导哺乳动物中多种细胞过程(如信号转导、细胞增殖和分化、细胞凋亡和坏死)中特定底物的裂解和调控(Goll et al., 2003; Suzuki et al., 2004; Bartoli et al., 2005)。肌肉组织主要表达三种不同的钙蛋白酶:钙蛋白酶1和2、钙蛋白酶3(也称为p94),普遍存在的是钙蛋白酶1和2(又称 μ-钙蛋白酶和m-钙蛋白酶),它们是最典型的钙蛋白酶,而钙蛋白酶3也在肌肉组织中高效表达。然而,因为对这些酶缺乏特异性的抑制剂,故对这三种亚型酶的功能,特别是 μ-钙蛋白酶的个体生理功能和生化机制尚不清楚(Wu et al., 2006)。在此情况下,目前出现的RNA干扰(RNAi)技术在区分紧密相关基因家族中每个成员的功能或选择性地针对突变体基因,特别是研究特定型基因的功能方面具有很大的应用潜力。已有大量研究表明,钙蛋白酶底物如p53、PARP、Bax、AIF和几种细胞骨架蛋白在细胞凋亡过程中的表达量增加,说明研究钙蛋白酶对涉及细胞凋亡的研究具有潜在作用(Goll et al., 2003; Suzuki et al., 2004; Polster et al., 2005; Artus et al., 2006; Cao et al., 2007; Norberg et al., 2008)。虽然目前已知钙蛋白酶参与了细胞的凋亡过程,但还需要进一步研究才能准确地阐明钙蛋白酶在细胞凋亡中的作用机制。

最近有相关报道表明钙蛋白酶与半胱天冬酶(caspase)系统之间存在着一种互作关系(Vaisid et al., 2005; Artus et al., 2006; Del Bello et al., 2007; Liu et al., 2009)。半胱天冬酶是涉及例如程序性细胞死亡的另一蛋白酶家族。在导致肌纤维丢失(发育不全)或肌纤维节段缺失(萎缩)而导致肌肉萎缩现象的过程通常伴随着肌肉细胞的凋亡过程。在这个过程中起作用的半胱氨酸蛋白酶属于参与凋亡的亚族,包括启动因子(caspase-2、caspase-8 和 caspase-9)和细胞死亡效应(caspase-3、caspase-6、caspase-7 和 caspase-14)(Fernando et al., 2002; Sordet et al., 1999)。这些半胱天冬酶(caspase)在韩牛体内肌肉细胞发育或分化过程中的作用机制却鲜为人知。在前面对韩牛骨骼肌卫星细胞的研究中,我们发现在韩牛骨骼肌卫星细胞增殖和向肌管分化过程中 caspase 9 的表达出现了显著增加。为研究 μ-钙蛋白酶与半胱天冬酶(caspase)间的作用机制,所以本实验主要集中研究:

(1)μ-钙蛋白酶和半胱天冬酶系统中各个成员,如效应因子半胱天冬酶3,半胱天冬酶 7 之间的交叉效应。

(2)半胱天冬酶是否,以及用何种方式参与韩牛骨骼肌卫星细胞增殖的过程。

我们的研究结果表明,许多细胞凋亡途径可能发生在肌肉细胞肌形成过程中。而且,μ 钙蛋白酶可能在调节肌细胞肌生成中起主要作用,包括介入其他蛋白水解系统以及半胱天冬酶系统的活性。因此,μ-钙蛋白酶可能在肌肉细胞凋亡中起关键性作用,并有可能在肌肉萎缩中起作用。

4.2 材料与方法

4.2.1 细胞的制备和培养

从 30 月龄大的韩牛身上进行采样,在肌肉采集过程中全程使用无菌技术。在屠宰后的几分钟内,肌肉内表面的皮肤被移除,从背最长肌取肌肉样本(大约每头牛采集 500g,Hanwoo Brown-韩牛的斑点品种)。将样品在 70%乙醇中快速洗涤一次,并立即加入浸泡在含有 1×抗生素(GIBCO)的 500mL PBS(在 800mL 样品烧杯中)中以除去乙醇,然后浸入 DMEM(GIBCO),其中含有 5×的抗生素,并放置在冰块上。从韩牛身上采集的肌肉中分离出骨骼肌卫星细胞的方法是根据 Dodson 等人(1987)的方法,并进行适当的改进,所有细胞分离培养工作都是在无菌的细胞室中进行的。简要而言,肌肉样本的外膜和脂肪被剪掉并丢弃,然后利用无菌绞肉机将肌肉条带彻底绞碎,在 37℃ 的 DMEM(无血清)中,用 1mg/mL 的链霉蛋白酶(1 mg/mL)进行消化 60min。用 5mL 的移液管反复吹打消化物,直到无块状物可见。然后将悬浮液通过 100μm 的尼龙细胞过滤器。过滤后的悬浮液在 1500g 离心 10min,并将沉淀重悬于 15mL 温热的骨骼肌卫星细胞增殖培养基(DMEM,含 20%胎牛血清(FBS),10%马血清(HS),100IU/mL 青霉素、100μg /毫升链霉素)。将细胞悬液预先铺在 T-25 培养瓶上 2h 然后转移到 95%空气,5%二氧化碳培养箱的湿润环境中的 37℃新 T-25 的培养瓶中。48h 后,将培养基更换为生长培养基(含有 15%胎牛血清,100IU/mL 青霉素和 100μg/mL 链霉素的 DMEM)。当原代细胞培养达到 50%融合时,收集并重悬于补充有 0.5%BSA 和 2mmol/L EDTA 的磷酸盐缓冲盐水(PBS)中。离心(300g 10min)后,将沉淀的细胞(约 10^7 个细胞)重悬于 100μL 含有 10μg 成肌细胞特异性单克隆抗体(抗 M-钙粘蛋白抗体,BD biosciences)的 PBS 中。将细胞-抗体复合物在室温下温育 30min 并用 PBS 冲洗两次。接着在 6～12℃下用 20μL 抗小鼠 IgG1 微珠(Miltenyi Biotec,德国)温育 15min。最后,将细胞悬浮液(500μL PBS 中的 10^7 个细胞)加载到免疫磁珠细胞分选系统 Auto MACS(Miltenyi Biotec,德国)中以分离骨骼肌卫星细胞,收集后的细胞在含 95%空气和 5%的二氧化碳培养箱中 37℃下培养。生长培养基每周更换两次。韩牛骨骼肌卫星细胞在生长培养基中进行培养,在增殖至约 80%培养瓶面积时进行传代培养,本研究实验所使用的细胞均是传代 4 代以内的细胞。

4.2.2　siRNA 介导的 μ-钙蛋白酶和 caspase 9 基因沉默

使用 Silencer siRNA 构建试剂盒(Ambion)根据制造商的说明进行,用 T7 RNA 聚合酶体外转录 siRNA。使用 Ambion 公司的 siRNA 目标查找程序(www.ambion.com/techlib/misc/siRNA finder.html 设计了 4 种 μ-钙蛋白酶基因的 siRNA 和 2 种 capase 9 基因的 siRNA(表 4-1)。设计时与相应的牛基因组数据库相比,使用 BLAST 程序消除具有超过 16 个连续碱基对的非目的基因的编码序列的 siRNA 转染试剂是与基于多胺的转染子 siPORT 胺(Ambion)形成的复合物,对 μ-钙蛋白酶和半胱天冬酶 9 具有特异性的 siRNA。将 siRNA-胺复合物在培养的细胞中以 30nM 的浓度在约 80%细胞融合面积的 6 孔板中进行转染。

4.2.3　RNA 的提取和实时 RT-PCR

siRNA 转染细胞 48h 后,根据试剂盒说明的步骤,经 TRIZOL 处理后,从转染和未转染的细胞中提取总 RNA。利用锚定的寡聚核苷酸 $d(T)_{12-18}$ 引物(Gene Link)和 M-MLV 逆转录酶,从 1μg 的总 RNA 中合成了第一链 cDNA。实时 PCR 法以 10ng cDNA 为每样品的单位,以牛的 μ-calpain, caspase 3，caspase 7，caspase 9 基因和管家基因 GAPDH 为特异引物，进行实时 PCR 扩增（引物序列见表 4-2）。以 10μL 的反应体系在 SsoFast™ EvaGreen© Supermix（Bio-Rad）系统上进行。相关比率的计算是基于 $2^{-\Delta\Delta CT}$ 方法（Pfaffl，2001）。PCR 使用 CFX96™ Real-Time PCR 检测系统进行检测（Bio-Rad）。

4.3 统计分析

实验数据以平均值±标准差（SEM）表示。用 SPSS 16.0 版本进行统计学分析（SPSS，Chicago，IL）。对数据结果进行 T-检验，以确定不同处理组间的差异。

4.4 结果

4.4.1 实时 RT-PCR 分析 μ-calpain siRNA 转染细胞后的效果

本研究筛选出了四种不同的 siRNA 序列，以确定其抑制 μ-钙蛋白酶基因表达的能力。通过优化转染细胞的数量，转染剂的用量和每 siRNA 的适当浓度等条件后，用实时定量 PCR 方法检测所有 siRNA 序列对目的基因表达的抑制程度。如图 4-1 所示，CAPN1-siRNA2 和 CAPN1-siRNA3 与未转染的卫星细胞相比，目的基因平均表达下降 16%±0.04%和 24%±0.05%（平均值±标准差），而 CAPN1-siRNA1 和 CAPN1-siRNA4 分别抑制了 μ-钙蛋白酶基因的表达，抑制率分别为 60%±0.02%和 56%±0.03%。实验结果表明，转染细胞 48h 后，可达到最佳的基因表达的抑制效果。

4.4.2 siRNA 抑制 μ-钙蛋白酶基因表达后可降低 caspase 3 和 caspase 7 基因的表达

在研究中我们为探讨在细胞凋亡的过程中如果抑制 μ-calpain 基因表达后是否会影响半胱天冬酶基因的表达，用实时定量 PCR 法检测细胞中 caspase 3 和 caspase 7 mRNA 的表达。实验结果表明，与未转染细胞相比，4 种 μ-钙蛋白酶 siRNA 处理的细胞中 caspase 的表达均有下降趋势（图 4-

2)。同样,转染了 CAPN1-siRNA1 和 CAPN1-siRNA4 骨骼肌卫星细胞中也显示 caspase 7 mRNA 的表达明显降低(图 4-3)。

4.4.3　实时 RT-PCR 分析 capase 9 siRNA 转染细胞后的效果

本研究筛选了两种不同的 siRNA 序列,研究其抑制 caspase 9 基因表达的能力。通过优化转染细胞的数量,转染剂的用量和每 siRNA 的适当浓度等条件后,用实时定量 PCR 方法检测所有 siRNA 序列对目的基因表达的抑制程度。如图 4-4 所示,与未转染的卫星细胞相比,CARD9-siRNA1 和 CARD9-siRNA2 基因的平均表达分别降低了 40%±3%和 49%±2%(平均值±标准差)。结果表明,转染细胞 48h 后,可达到最佳的基因抑制效果

4.4.4　siRNA 抑制 caspase 9 基因表达的细胞中 caspase 7 基因表达减少而 caspase 3 基因表达增加

后续的实验中我们为了探讨在细胞凋亡的过程中如果抑制 caspase 9 基因的表达是否影响与效应型半胱天冬酶基因表达,用实时 PCR 分析检测了 caspase 9 siRNA 处理细胞中 caspase 3 和 caspase 7 基因 mRNA 的表达。实验结果表明,与未转染细胞相比,两株 caspase 9 siRNA 处理的细胞中 caspase 7 基因 mRNA 的表达下调(图 4-5)。然而,转染了 CARD9-siRNA1 和 CARD9-siRNA2 的骨骼肌卫星细胞则显示 caspase 3 基因 mRNA 的表达增加(图 4-6)。

表 4-1　用于抑制韩牛 μ-钙蛋白酶基因和 caspase 9 基因表达的 siRNAs 序列

Gene	Oligo name	Antisense siRNA Oligonucleotide Template	Sense siRNA Oligonucleotide Template
CAPN1 (μ-calpain)	CAPN1-siRNA1	AACCTATGGCATCAAGT-GGAACCTGTCTC	AATTCCACTTGATGC-CATAGGCCTGTCTC
	CAPN1-siRNA2	AACTGGAACACCACCCT-GTATCCTGTCTC	AAATACAGGGTGGTGT-TCCAGCCTGTCTC
	CAPN1-siRNA3	AACTTCAAGTCCCTCT-TCAGACCTGTCTC	AATCTGAAGAGGGACT-TGAAGCCTGTCTC
	CAPN1-siRNA4	AACAAGGAAGGT-GACTTTGTGCCTGTCTC	AACACAAAGTCACCTTC-CTTGCCTGTCTC

续 表

Gene	Oligo name	Antisense siRNA Oligonucleotide Template	Sense siRNA Oligonucleotide Template
CARD9 (Caspase 9)	CARD9-siRNA1	AATGAGCGAGGTGAT-GAAGCTCCTGTCTC	AAAGCTTCATCAC-CTCGCTCACCTGTCTC
	CARD9-siRNA2	AAGGAGAGCTTCGAGAAC-TACCCTGTCTC	AAGTAGTTCTCGAAGCTCTC-CCCTGTCTC

表 4-2 实验二采用的实时 PCR 的引物和条件

Gene	Primer Sequences (5′－3′)	Amplicon length (bp)	Annealing (℃)	GenBank accession No.
CAPN1 (μ-calpain)	Forward：CCCTCAATGACACCCTCC Reverse：TCCACCCACTCACCAAACT	109	57	AF221129.1
CASP3 (caspase 3)	Forward：GTTCATCCAGGCTCTTTG Reverse：TTCTATTGCTACCTTTCG	97	56	NM_001077840.1
CASP7 (caspase 7)	Forward：GAATGGGTGTCCGCAACG Reverse：TTGGCACAAGAGCAGTCGTT	106	51	XM_604643.4
CARD9 (caspase 9)	Forward：CGCCACCATCTTCTCCCTG Reverse：CCAACGTCTCCTTCTCCTCC	84	60	BC116138.1
GAPDH	Forward：CACCCTCAAGATTGTCAGC Reverse：TAAGTCCCTCCACGATGC	98	57	NM_001034034

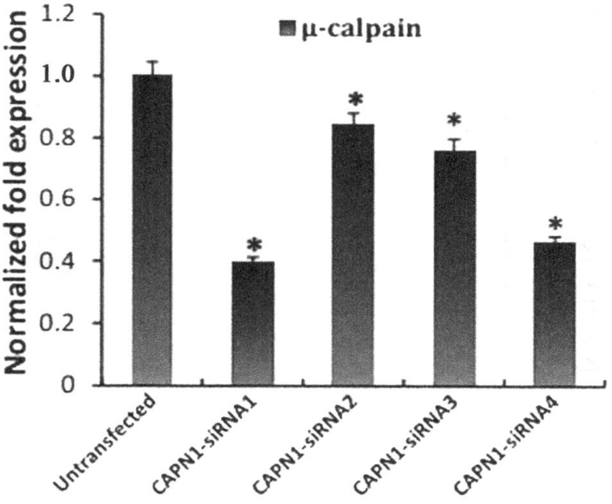

图 4-1　实时 RT-PCR 技术检测 double-stranded 21-mer μ-calpain siRNA 转染细胞中 μ-钙蛋白酶基因 mRNA 的表达效果(每组 $n=9$)。μ-钙蛋白酶基因表达效果通过内参基因 GAPDH 矫正,数据表示为 μ-钙蛋白酶/GAPDH 比值。 * $p<0.05$

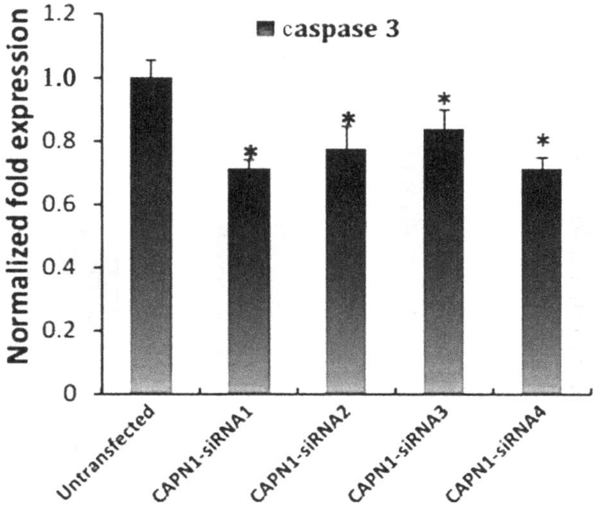

图 4-2　实时 RT-PCR 技术检测 double-stranded 21-mer μ-calpain siRNA 转染细胞中 caspase 3 基因 mRNA 的表达效果(每组 $n=9$)。caspase 3 基因表达效果通过内参基因 GAPDH 矫正,数据表示为 caspase 3 /GAPDH 比值。 * $p<0.05$

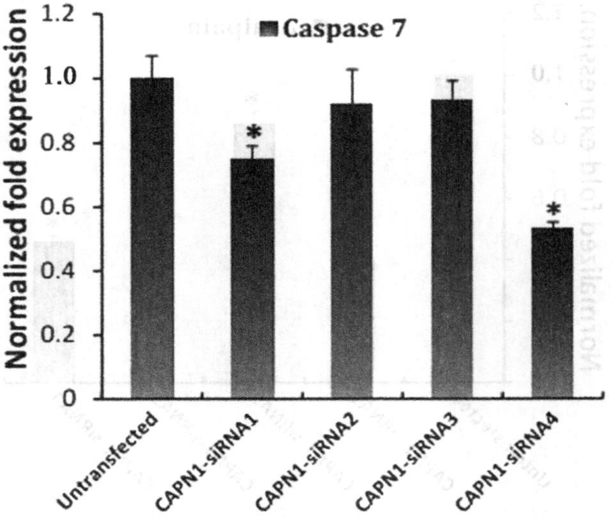

图 4-3　实时 RT-PCR 技术检测 double-stranded 21-mer μ-calpain siRNA 转染细胞中 caspase 7 基因 mRNA 的表达效果(每组 $n=9$)。caspase 7 基因表达效果通过内参基因 GAPDH 矫正,数据表示为 caspase 7 /GAPDH 比值。 * $p<0.05$

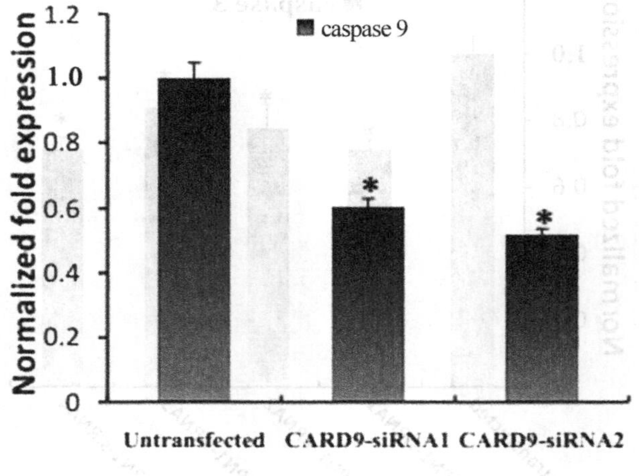

图 4-4　实时 RT-PCR 技术检测 double-stranded 21-mer caspase 9 siRNA 转染细胞中 caspase 9 基因 mRNA 的表达效果(每组 $n=9$)。caspase 9 基因表达效果通过内参基因 GAPDH 矫正,数据表示为 caspase 9 /GAPDH 比值。 * $p<0.05$

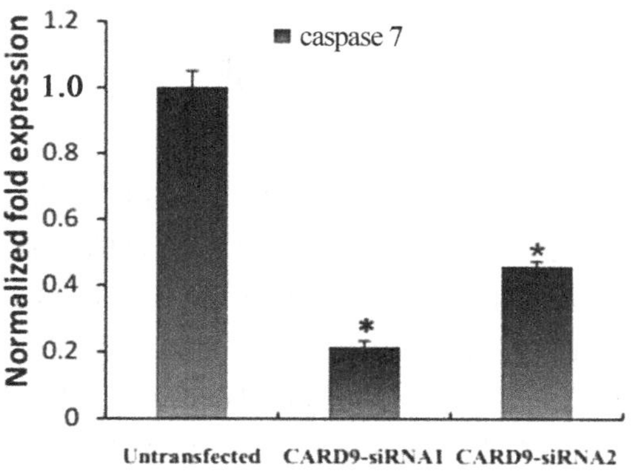

图 4-5 实时 RT-PCR 技术检测 double-stranded 21-mer caspase 9 siRNA 转染细胞中 caspase 7 基因 mRNA 的表达效果(每组 $n=9$)。caspase 7 基因表达效果通过内参基因 GAPDH 矫正,数据表示为 caspase 7 /GAPDH 比值。 * $p<0.05$

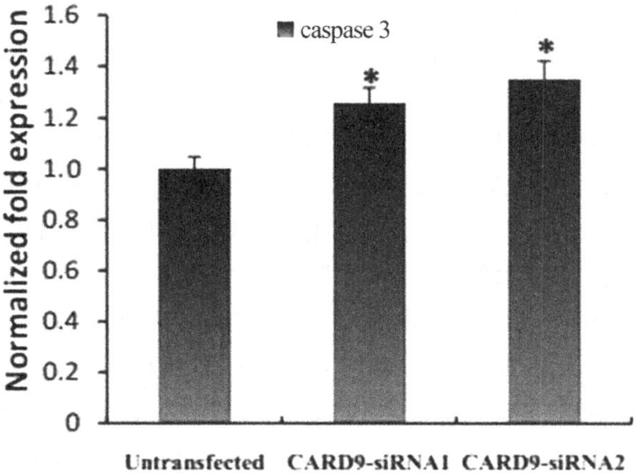

图 4-6 实时 RT-PCR 技术检测 double-stranded 21-mer caspase 9 siRNA 转染细胞中 caspase 3 基因 mRNA 的表达效果(每组 $n=9$)。caspase 3 基因表达效果通过内参基因 GAPDH 矫正,数据表示为 caspase 3 /GAPDH 比值。 * $p<0.05$

4.5 讨论

在本研究中,原代骨骼肌卫星细胞的培养直接来源于韩牛背最长肌。骨骼肌卫星细胞原代培养显示的体外特性比转化的细胞株更能反映它们在动物机体内的特性(Allen,1987)。此外,原代细胞培养、转化细胞培养和肌纤维分离培养已被广泛应用于骨骼肌卫星细胞生理和骨骼肌卫星细胞调控的研究中(Allen et al.,1985;Dodson et al.,1987;Dodson et al.,1987),尽管对于这些体外系统的使用仍存在激烈的争论,批评者和支持者都倾向于认为使用体外系统来探讨骨骼肌卫星细胞的发育生物学机制,已经有数量可观有用的数据来阐述(Rhoads et al.,2009)。相关的研究已经集中在以动物作为主要的实验对象来研究这些骨骼肌卫星细胞中发生的机制(Dodson et al.,1996;Greenlee et al.,1995;Burton et al.,2000)。

然而所有这些骨骼肌卫星细胞相关的研究人员担心在利用细胞模型研究期间混有与卫星细胞共分离的少数污染性细胞如成纤维细胞等,因为这些污染性细胞在体外培养模型研究中带来极大的研究偏差(Rodson et al.,2009)。在研究中为了减少原代培养中非肌源性细胞的存在,我们将细胞悬液加载到免疫磁珠细胞分选系统 AutoMACS(MiltenyBiotec,德国)分离出纯骨骼肌卫星细胞,这对细胞培养系统的控制和各种分子机制的研究大有益处。RNAi 技术在区分紧密相关基因家族中每个成员的不同功能方面有很大的应用潜力。因此在本研究,我们使用小干扰 RNA 介导的基因抑制表达技术特异性地抑制了韩牛骨骼肌卫星细胞中 μ-钙蛋白酶基因而不是 m-钙蛋白酶基因的表达,发现细胞中 caspase 3 基因和 caspase 7 基因的表达也相应地减少,提示 μ-钙蛋白酶基因与 caspase 系统之间存在交叉作用。Vaisid 等人(2005)在 PC12 细胞的分化中也显示了这两种蛋白酶系统之间的这种互作机制,由 PinEiro 等人报道的结果还表明,通过紫杉酚介导半胱天冬酶-3 的机制诱导 NIH3T3 细胞发生凋亡,在该机制中,钙蛋白酶可能起到关键的作用(Piñeiro et al., 2007)。我们的研究结果表明钙蛋白酶介导的 caspase 级联反应(图 4-2 和图 4-3)与 Liu 等人先前的报告(2009)一致。此前的研究报告发现抑制 μ-calpain 基因的表达后会降低 caspase-9 和 caspase 3 的活性。然而,μ-钙蛋白酶与 caspase 蛋白水解系统之间的交叉作用的确切机制尚未明确。有研究假设钙蛋白酶的激活可能是在 caspase 的上游或下游发生的(Rami,2003)。

在我们的研究中，我们发现利用 siRNA 靶向抑制 μ-钙蛋白酶基因的表达可以大大减少 caspase-3 和 caspase-7 基因 mRNA 的表达，这些结果表明，在我们的实验模型中钙蛋白酶的激活应该是位于半胱氨酸蛋白酶的上游。Liu 等人(2009)的研究结果表明 μ-钙蛋白酶的激活是 caspase 的上游，这种激活在 caspase 依赖和 AIF 介导的 caspase 非依赖性凋亡通路的调控中起着重要的作用，本研究也支持这一假设。然而这些调控因子参与凋亡途径的确切机制尚不清楚，需进一步阐明。我们的研究结果表明，caspase 系统特别是 caspase 9 和 caspase 7 在韩牛骨骼肌卫星细胞增殖中起一定作用，这一结论主要是基于靶向抑制 caspase 9 表达后的效果(图 4-5)。近年来，越来越多的研究报道显示存在着导致细胞凋亡的半胱天冬酶非依赖性途径(McNeish et al., 2003; Bello et al., 2004; Scoltock et al., 2004; Chipuk et al., 2005; Kroemer et al., 2005; Schamberger et al., 2005; Piñeiro et al., 2007; Eguchi et al., 2009)。

根据其一级结构，caspases 一般分为两类：包含长氨基末端前体蛋白的启动型半胱天冬酶如半胱天冬酶-2，半胱天冬酶-8，半胱天冬酶-9 和包含短氨基末端前体蛋白的效应型半胱天冬酶如半胱天冬酶-3，半胱天冬酶-6，半胱天冬酶-7(Cohen, 1997; Nicholson, 1999; Shi, 2002)。在我们前面的研究中，我们发现 caspase 9 mRNA 的表达在韩牛骨骼肌卫星细胞的增殖和分化过程中显著增加，但是很少有研究者研究 caspase 在肌肉细胞生长过程中的作用。我们需要弄清楚 caspase 是否和如何参与骨骼肌卫星细胞的增殖过程。到目前为止，我们知道至少有两种主要的细胞互作途径涉及细胞凋亡：(a)线粒体启动通路(内在通路)和(b)细胞表面死亡受体通路(外源途径)(Ashkenazi et al., 1998; Green et al., 1998; Slee et al., 2000; Strasser et al., 2000)。有相关研究表明，caspase 9 的抑制剂在卵巢组织瘤细胞中对 caspase 9 和 caspase 3 均有抑制作用(McNeish et al., 2003)。这一证据和我们的研究结果都支持 caspase 依赖的途径(Kischkel et al., 1995; Medema et al., 1997; Shi, 2001)：凋亡信号和导致细胞死亡的线粒体途径涉及 caspase 的激活，而 caspase 则切割关键的蛋白质底物。第一步是细胞色素 c 从线粒体中释放，然后与凋亡小体中的凋亡蛋白酶激活因子-1(Apaf-1)结合，激活 caspase-9。然后激活下游效应型因子 caspase，如 caspase 3、caspase6 和 caspase7。在本研究中，caspase 9 基因的表达下调导致骨骼肌卫星细胞 caspase 7 基因表达的下降，这与 mcneish 等人(2003)的研究结果略有不同，后者的研究表明抑制 caspase 9 的表达后会降低 caspase-3 的活性，而且 caspase-3 的表达水平可能存在差异。在此，caspase 9 作为启动型的 caspase，caspase 7 作为效应型 caspase，可能都参与了骨骼肌卫星细胞增殖。在本研究中，骨骼肌卫星细胞 caspes 9 基因表达下调导致 caspase 3 基因表达增加（图 4-6），可能是骨骼肌卫星细胞受到高浓度（30nmol/L）转染剂/siRNA 复合物的胁迫而产生了不同的凋亡途径。其他的启动型/效应型 caspase 和相关蛋白酶也有可能在增殖骨骼肌卫星细胞中发挥作用。综合考虑，我们假设细胞凋亡是在韩牛骨骼肌卫星细胞增殖过程中通过线粒体途径发生的。细胞凋亡是细胞死亡的一种程式化形式，它可以通过死亡受体（如 TNF 受体）或线粒体途径来触发（Rossi and Gaidano，2003）。线粒体释放细胞色素 C 可诱导固有的死亡信号通路。细胞色素 C、凋亡激活因子 1(apaf-1) 和 caspase 9 形成一个复合物，称为凋亡小体，导致 caspase 7 作为下游效型 caspase 而被激活（Hengartner，2000；Sun et al.，1999）。细胞凋亡在一种通过导致肌纤维丢失（发育不良）或肌纤维节段丢失（萎缩）而产生肌肉萎缩的现象中亦有发生（Bartoli and Richard，2005）。

目前已知钙蛋白酶与肌肉萎缩中的细胞凋亡之间的唯一关系是地塞米松诱导细胞凋亡依赖于钙蛋白酶激活，一些凋亡相关蛋白，如 p53，cain/cabin1 和 caspase 3 是 calpains 的底物（Squier et al.，1994）。有研究结果表明，抑制 caspase 9 的激活有可能减少神经细胞发生凋亡细胞死亡的数量（Wang et al.，2002）。基于上述结果，我们认为靶向抑制钙蛋白酶和 caspase 9 基因的表达有可能导致肌肉中萎缩纤维的凋亡细胞减少，最终可能增加肌细胞增殖过程中纤维的大小。

4.6 结论

综上所述，我们的发现揭示了在韩牛骨骼肌卫星细胞中抑制 μ-钙蛋白酶基因表达后的作用效应，即细胞中 caspase 3 和 caspase 7 基因的表达也相应变化，表明 μ-calpain 系统与 caspase 系统之间存在互作机制。

此外，在细胞中抑制 caspase 9 基因的表达后也降低了 caspase 7 基因的表达活性，我们推测在牛肌肉卫星细胞增殖过程中细胞的凋亡是通过一种内在途径发生的。更重要的是，μ-钙蛋白酶在肌肉细胞生长过程中基因群表达的调控中具有多方面的功能。我们的研究结果还表明，如果抑制靶基因如 μ-钙蛋白酶或 caspase 9 基因的表达在骨骼肌萎缩的治疗有真正的应用潜力。我们的研究结果表明，在肌细胞增殖分化过程中许多细胞凋亡途径可能发生。在此，μ 钙蛋白酶可能在调节肌细胞肌生成中起主要作用，包括介入其他蛋白水解系统以及半胱天冬酶系统的活性。因此，μ-钙蛋白酶可能在肌肉细胞凋亡过程中起重要作用,并可能在肌肉萎缩中起作用。有关肌肉细胞生长过程中对凋亡指数检测进行全面而深入的研究需要进行后续的研究来探讨。

第 5 章　实验三:PPARγ 激动剂曲格列酮对韩牛肌卫星细胞增殖、分化及肌管脂质积累的影响

5.1　研究背景介绍

动物出生后肌肉中的骨骼肌卫星细胞是位于肌层下面的单核成肌前体(Bischoff,1986),这些细胞通常是静止的,但可以被激活来调节动物出生后肌肉的生长和肌肉修复(Allen et al. , 1990; Allen et al. , 1997; Cornelison et al. , 1997)。目前也有许多的研究以动物(或动物治疗)作为研究对象来研究骨骼肌卫星细胞培养体系内的各种生物学机制作为机体内作用机制的量度(Rhoads et al. , 2009),而且有越来越多的农业研究领域将骨骼肌卫星细胞培养技术应用于产肉动物的肌肉生长发育的细胞生物学范畴。在许多这类的研究过程中,人们发现了各种影响骨骼肌卫星细胞活动的外在因素 (Dodson et al. ,1996)。成体动物肌肉中的骨骼肌卫星细胞是一种干细胞样的细胞,能够向成骨细胞、脂肪细胞和肌管方向分化(Asakura et al. , 2001; Wada et al. , 2002; Fux et al. , 2004)。由于成肌细胞和脂肪细胞产生于胚胎的同一胚层(中胚层),所以存在可能直接诱导成肌细胞向脂肪细胞转分化。曲格列酮(TGZ)作为噻唑烷二酮类药物的一员是一种抗糖尿病和抗炎药,其作用机制是通过激活过氧化物酶体增殖物激活受体来实现的。尽管如此,对于曲格列酮在肿瘤生物学中的作用仍存在争议(Aizawa et al. ,2010),需要进一步阐明曲格列酮对细胞培养作用的分子机制(Vansant et al. ,2006)。尽管已有许多研究旨在了解噻唑烷二酮衍生物作为一种外在因素通过诱导多种转录因子影响肌源性卫星细胞,包括过氧化物酶体增殖物激活受体 (PPARγ)和 CCAAT/ (C/EBPα),但这些细胞向脂肪细胞转分化的分子机制仍不清楚 (Asakura et al. , 2001; Fux et al. , 2004; Hu et al. , 1995; Wada et al. , 2002; Yeow et al. , 2001) 。肉类动物肌肉组织中的大理石花纹(脂肪组织)提高了肉品质的多汁性、风味和整体的适口性,并成为许多改善肉品质改良研究的焦点 (Gondret et al. , 2002; Van Barneveld, 2003; Singh et al. , 2007)。因此,增加肌源性卫星细胞的增殖和分化可能会增加肌肉纤维的数量和增加肌肉组织脂质积聚从

而相应地增加大理石花纹。为此本研究探讨了曲格列酮对韩国牛肌卫星细胞增殖和分化的影响,为家畜源性肌细胞的外在调控提供了新的信息。

5.2　材料与方法

5.2.1　化学品和实验室用品

除非另有说明,本研究使用的所有化学品和实验室器皿均购自 Sigma-Aldrich Chemical Co.(St. Louis, MO, USA)和 Falcon Labware(Becton-Dickinson, Franklin Lakes, Nj, USA)。

5.2.2　韩牛骨骼肌卫星细胞的制备与培养

从 30 月龄大的韩牛身上进行采样,在肌肉采集过程中全程使用无菌技术。在屠宰后的几分钟内,肌肉内表面的皮肤被移除,从背最长肌取肌肉样本(大约每头牛采集 500g,Hanwoo Brown-韩牛的斑点品种)。将样品在 70%乙醇中快速洗涤一次,并立即加入浸泡在含有 1×抗生素(GIBCO)的 500mL PBS(在 800mL 样品烧杯中)中以除去乙醇,然后浸入 DMEM(GIBCO),其中含有 5×的抗生素,并放置在冰块上。从韩牛身上采集的肌肉中分离出骨骼肌卫星细胞的方法是根据 Dodson 等人(1987)的方法,并进行适当改进,所有细胞分离培养工作都是在无菌的细胞室中进行的。简要而言,肌肉样本的外膜和脂肪被剪掉并丢弃,然后利用无菌绞肉机将肌肉条带彻底绞碎,在 37℃ 的 DMEM(无血清)中,用 1mg/mL 的链霉蛋白酶 (1 mg/mL)进行消化 60min。用 5mL 的移液管反复吹打消化物,直到无块状物可见。然后将悬浮液通过 100μm 的尼龙细胞过滤器。过滤后的悬浮液在 1500g 离心 10min,并将沉淀重悬于 15mL 温热的骨骼肌卫星细胞增殖培养基(DMEM,含 20%胎牛血清(FBS),10%马血清(HS),100 IU/mL 青霉素、100μg /mL 链霉素)。将细胞悬液预先铺在 T-25 培养瓶上 2h,然后转移到 95%空气,5%二氧化碳培养箱的湿润环境中的 37℃新 T-25 的培养瓶中。48h 后,将培养基更换为生长培养基(含有 15%胎牛血清,100IU/mL 青霉素和 100μg/mL 链霉素的 DMEM)。当原代细胞培养达到 50%融合时,收集并重悬于补充有 0.5%BSA 和 2mmol/L EDTA 的磷酸盐缓冲盐水(PBS)中。离心(300g 10min)后,将沉淀的细胞(约 10^7 个细胞)重悬于 100μL 含有 10μg 成肌细胞特异性单克隆抗体(抗 M-钙黏蛋白抗体,BD biosciences)的 PBS 中。将细胞-抗体复合物在室温下温育 30min 并用 PBS 冲洗两次。接着在 6～12℃下用 20μL 抗小鼠 IgG1 微珠(Miltenyi Biotec，德国)温育 15min。最后，将细胞悬浮液(500μL PBS 中的 10^7 个细胞)加载到免疫磁珠细胞分选系统 AutoMACS(Miltenyi Biotec，德国)中以分离骨骼肌卫星细胞，收集后的细胞在含 95%空气和 5%的二氧化碳培养箱中 37℃下培养。生长培养基每周更换两次。韩牛骨骼肌卫星细胞在生长培养基中进行培养，在增殖至约 50%培养瓶面积时进行传代培养，本研究实验所使用的细胞均是在传代 5 代以内的细胞。

5.2.3 CCK-8 法检测细胞的增殖和细胞的活力

为验证细胞计数试剂盒-8 法(CCK-8)与直接细胞计数法之间的相关性，韩牛骨骼肌卫星细胞(100μL/孔)的种源再分别以 1.25×10^4、2.5×10^4、3.75×10^4、5×10^4、7.5×10^4、1.0×10^5、1.25×10^5 个细胞/mL 的种子密度下，接种 96 孔微板后使其粘附 24h，然后加入 10μL 的 WST-8 溶液，孵育 4h。根据吸光度值与细胞数量间的关系建立和绘制了校准曲线。

利用细胞计数试剂盒 (CCK-8)测定细胞活力来评估曲格列酮对培养的韩牛骨骼肌卫星细胞增殖的影响。根据试剂盒说明步骤，用细胞计数试剂盒(CCK-8)绘制了韩牛骨骼肌卫星细胞的生长曲线。简要步骤为，在 100μL 含有 15% FBS 的生长培养基中，以 1×10^4 个细胞/孔的密度将韩国斑纹牛骨骼肌卫星细胞接种在 96 孔板中并继续培养过夜。当卫星细胞在达到 40%汇合前培养时，细胞用 5μmol/L、10μmol/L、50μmol/L 曲格列酮处理指定时间(0～5 天)。将培养基(100μL)与 10μL 的 WST-8 溶液在 37℃时温育 4h，在酶标仪上的 450nm 处读取吸光度。细胞活力值的表示占培养细胞对照组值的百分比。

5.2.4 转分化的细胞甘油积累量的测定

用脂肪细胞代谢分析试剂盒(MILLIPORE Corporation，USA)对转分化的细胞向脂肪细胞的分化和甘油三酸酯的释放情况进行了分析，测定了甘油的积累量。主要步骤为，将韩牛骨骼肌卫星细胞以每孔 60000 个细胞铺在 24 孔板上。细胞在含 15%胎牛血清的培养基中培养直至其接近汇合。然后将细胞转到融合培养基(含 2% 马血清 DMEM)(对照组)或融合培养基(含 2% 马血清 DMEM)并含 5μmol/L、10μmol/L、50μmol/L 的曲格列酮的融合培养基(处理组)孵育 7d。转分化的韩牛细胞用 PBS 冲洗两次后用含2%牛血清蛋白单独孵育或加入10μM异丙肾上腺素(异丙肾上腺素阳性对照组)孵育1h。收集培养细胞的上清液,用分光光度法在540nm分光光度法测定其甘油含量。

5.2.5 油红O染色

用油红O染色经不同浓度的曲格列酮(5μmol/L、10μmol/L、50μmol/L)处理7d后成年韩牛骨骼肌卫星细胞。首先细胞经一系列不同处理后,用10%的福尔马林固定30min,再用60%异丙醇洗涤一次,蒸馏水洗涤二次,室温下用油红O溶液(O0625－25G, Sigma)孵育5min,蒸馏水冲洗5min。处理后的细胞用苏木精染色后用蒸馏水冲洗,最后使用安装在光学显微镜上的FOculus IEEE 1394数码相机拍照(Olympus CKE41, Japan)。

5.2.6 RNA的提取与实时RT-PCR

在对韩牛骨骼肌卫星细胞经不同浓度的曲格列酮处理后,采用苯酚一异硫氰酸胍法和Trizol法从细胞中提取总RNA。用260nm与280nm的光密度比(可接受值在1.6～2.1之间)评估总RNA的纯度。利用锚定寡核苷酸d$(T)_{2-18}$引物、M-MLV逆转录酶,从1μg总RNA中合成了cDNA第一链。使用牛的CAPN1,CEBPA,FABP4,PPARG基因和管家基因GAPDH特异性引物(表5-1)进行实时PCR反应。以10μL的反应体系在SsoFast™ EvaGreen© Supermix (Bio-Rad)系统上进行。相关比率的计算是基于$2^{-\Delta\Delta CT}$方法(Pfaffl,2001)。PCR使用CFX96™ Real-Time PCR检测系统进行检测(Bio-Rad)。

5.3 统计分析

所有统计分析采用多重比较的方差分析。用SPSS16.0(SPSS Chicago,IL)软件进行统计分析。$p<0.05$被认为具有统计学意义。

5.4 结果

5.4.1 细胞计数试剂盒-8 法(CCK-8)与直接细胞计数法之间的相关性

细胞计数试剂盒-8 法(CCK-8)准确度的分析利用直接计数的韩牛骨骼肌卫星细胞进行。实验结果表明,直接计数的细胞数与 450nm 处的 CCK-8 吸光度之间存在线性相关性,$y=0.2543+0.4955x, r^2=0.997$(图 5-1)。

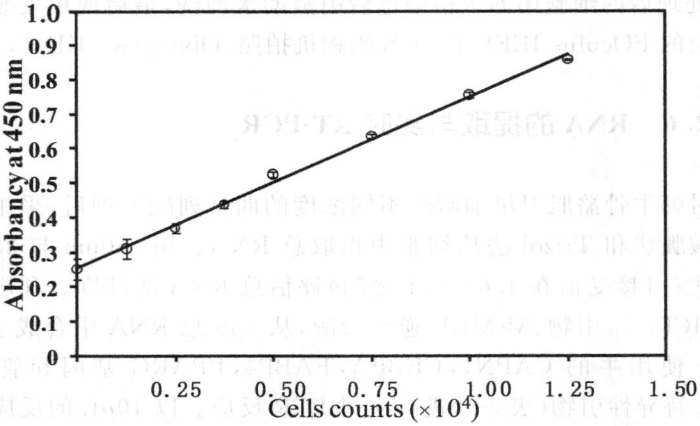

图 5-1 细胞计数试剂盒-8 法(CCK-8)与直接细胞计数法之间的相关性

注:直接计数的细胞数与 450nm 处的 CCK-8 吸光度之间存在线性相关性,$y=0.2543+0.4955x, r^2=0.997$

5.4.2 曲格列酮对韩骨骼肌卫星细胞增殖的影响

本实验研究了三种浓度的曲格列酮(5μmol/L、10μmol/L 和 50μmol/L)对韩牛骨骼肌卫星细胞增殖情况的影响。图 5-2 显示了曲格列酮对通过 CCK-8 法测定的韩牛骨骼肌卫星细胞增殖的影响。结果显示曲格列酮对韩牛骨骼肌卫星细胞培养 1~5d 的细胞活力无显著性影响。

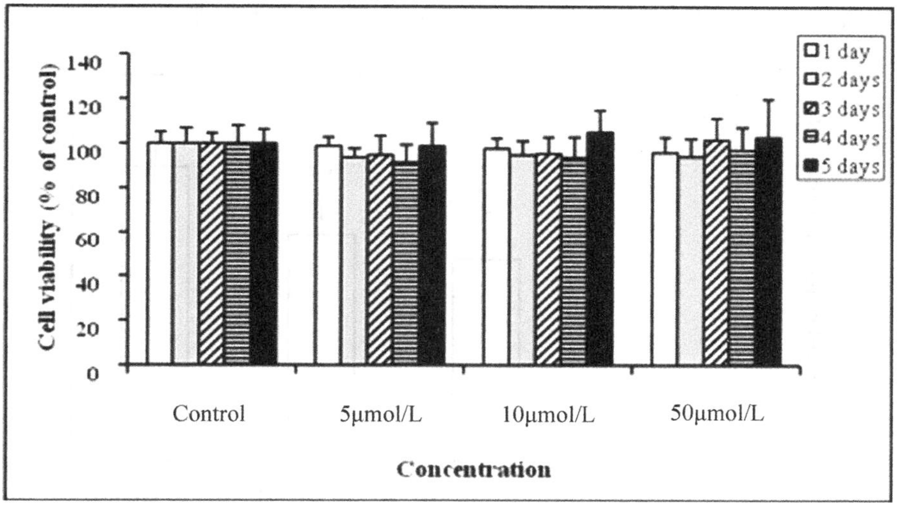

图 5-2　曲格列酮对韩骨骼肌卫星细胞增殖的影响

注：三种浓度的曲格列酮（5μmol/L、10μmol/L 和 50μmol/L）处理韩牛骨骼肌卫星细胞 1～5d。细胞的存活率采用 CCK-8 法进行检测。实验数据为八孔培养细胞的平均值，每个实验重复三次。

5.4.3　曲格列酮诱导韩牛骨骼肌卫星细胞发生脂肪分化

用脂肪细胞代谢分析试剂盒（MILLIPORE Corporation，USA）对转分化的细胞向脂肪细胞的分化和甘油三酸酯的释放情况进行了分析，测定了甘油的积累量。如图 5-3 显示，用 5μmol/L、10μmol/L 和 50μmol/L 的曲格列酮作用于融合 7d 后的韩国牛骨骼肌卫星细胞，与对照组比较其甘油的积累量分别提高到 33.8nmoL/mL、38.3nmoL/mL、50.8nmoL/mL。不同浓度的曲格列酮对甘油的积累有显著的影响。为了研究转分化细胞的脂质积累情况，我们诱导韩牛骨骼肌卫星细胞分别在仅含有 2％马血清（对照组）和含有 5μmol/L、10μmol/L 和 50μmol/L 罗格列酮的 DMEM 培养基（2％马血清）中分化共培养 7d。如图 5-4 细胞用油红 O 染色后所示，与对照组中（仅含 2％马血清的 DMEM 培养基）的细胞相比，用曲格列酮处理的韩牛骨骼肌卫星细胞具有轻微增加的脂质积累。

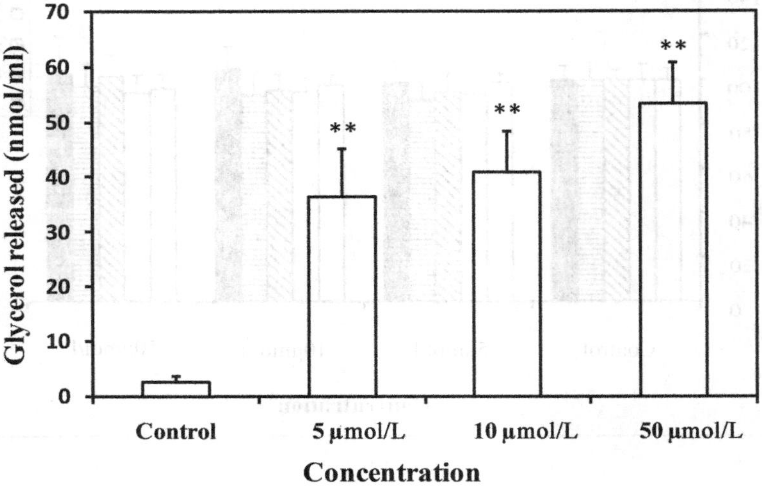

图 5-3　测定不同浓度曲格列酮(5μmol/L、10μmol/L 和 50μmol/L)处理融合 7d 后的韩牛骨骼肌卫星细胞内甘油的积累量

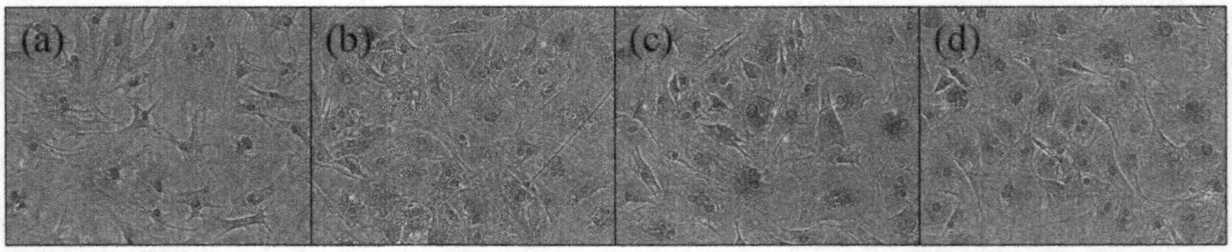

图 5-4　油红 O 染色不同浓度曲格列酮(5μmol/L、10μmol/L 和 50μmol/L)处理融合 7d 后的韩牛骨骼肌卫星细胞

注:(a)对照组;(b)5μmol/L 组;(c)10μmol/L 组;(d)50μmol/L 组。

5.4.4　在韩牛骨骼肌卫星细胞肌管形成过程中脂肪细胞标记基因的表达

用不同浓度的曲格列酮处理韩牛骨骼肌卫星细胞在融合培养基中培养

5d,7d 和 15d,分别提取细胞的总 RNA,实时 PCR 检测脂肪细胞标记基因的表达水平。如图 5-5 所示,FABP4 基因的表达在 5μmol/L、10μmol/L 和 50μmol/L 曲格列酮存在下在融合后第 5 天相对于对照细胞分别增加约 2.58,2.60 和 2.44 倍。在 5μmol/L、10μmol/L 和 50μmol/L 曲格列酮存在下,融合后第 7 天,FABP4 基因的表达相对于对照细胞分别增加大约 2.85 倍、4.05 倍和 4.75 倍。在 5μmol/L、10μmol/L 和 50μmol/L 曲格列酮存在下,在融合后第 15 天,FABP4 基因的表达相对于对照细胞分别增加大约 1.68,2.58 和 2.80 倍。同样,相对于对照组细胞,CEBPA 基因的表达(图 5-7)和 PPARγ 基因(图 5-8)的表达也显著增加。更有趣的是,在融合后第 7 天和融合后第 15 天,在 5μmol/L、10μmol/L 和 50μmol/L 曲格列酮存在下 CAPN1 基因的表达(牛的摩尔钙依赖中性蛋白酶大亚基基因)相比对照组细胞明显增加(图 5-6)。曲格列酮诱导了韩牛骨骼肌卫星细胞成脂转录因子的表达。

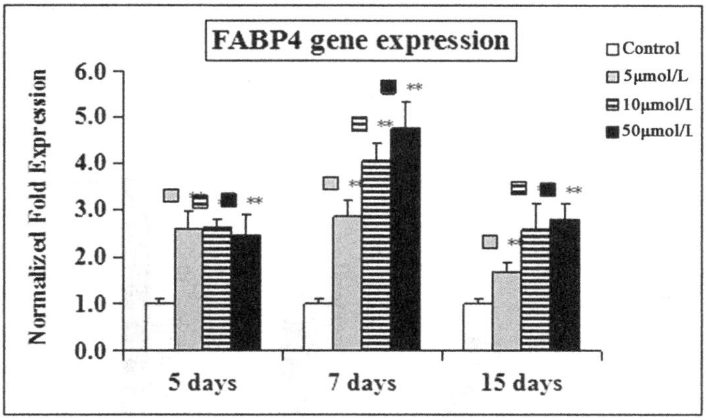

图 5-5　实时定量 RT-PCR 检测用不同浓度的曲格列酮(5μmol/L、10μmol/L 和 50μmol/L)处理韩牛骨骼肌卫星细胞融合 5d、7d 和 15d 后细胞中 FABP4 基因 mRNA 的表达。处理组基因表达量以对照组表达为 1 计算其相对表达量。每个 RT-PCR 扩增五个重复,并以平均数±标准差均值(SEM)表示。所有基因表达值均以内参基因 GAPDH 表达来标准化。＊＊ $p<0.01$

表 5-1　实验三采用实时 PCR 的引物和条件

Table 5-1　Real-time PCR primers and conditions were used in experiment three

Gene	Primer Sequences (5′ - 3′)	Amplicon length (bp)	Annealing (℃)	GenBank accession No.
CAPN1 (μ-calpain)	Forward: CCCTCAATGACACCCTCC Reverse: TCCACCCACTCACCAAACT	109	57	AF221129.1
CEBPA	Forward: GCGGCAAAGCCAAGAAGTCC Reverse: CGGCTCAGTTGTTCCACCC	188	59	NM_176784.2
FABP4	Forward: AGATGAAGGTGCTCTGGT Reverse: CTCATAAACTCTGGTGGC	130	51	NM_174314.2
PPARG	Forward: CCACCGTTGACTTCTCCA Reverse: AGGCTCCACTTTGATTGC	134	51	NM_181024.2
GAPDH	Forward: ACCCTCAAGATTGTCAGC Reverse: TAAGTCCCTCCACGATGC	98	57	NM_001034034

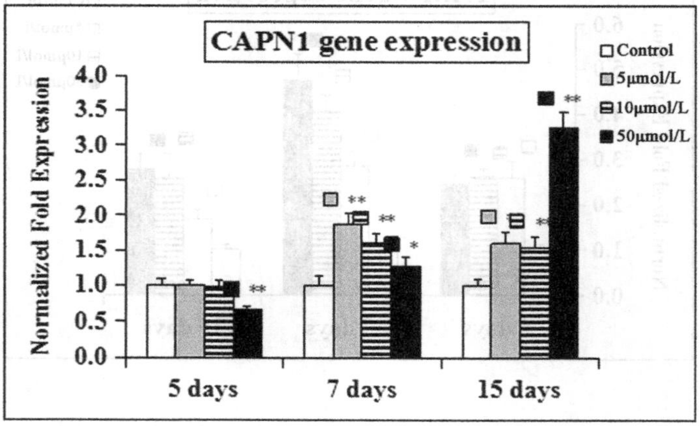

图 5-6　实时定量 RT-PCR 检测用不同浓度的曲格列酮(5μmol/L、10μmol/L 和 50μmol/L)处理韩牛骨骼肌卫星细胞融合 5d,7d 和 15d 后细胞中 CAPN1 基因 mRNA 的表达。处理组基因表达量以对照组表达为 1 计算其相对表达量。每个 RT-PCR 扩增五个重复,并以平均数±标准差均值(SEM)表示。所有基因表达值均以内参基因 GAPDH 表达来标准化。$*p<0.05$, $**p<0.01$

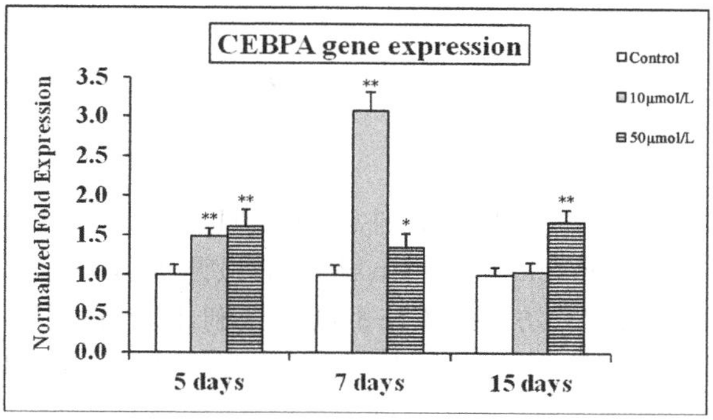

图 5-7　实时定量 RT-PCR 检测用不同浓度的曲格列酮(5μmol/L、10μmol/L 和 50μmol/L)处理韩牛骨骼肌卫星细胞融合 5d,7d 和 15d 后细胞中 CEBPA 基因 mRNA 的表达。处理组基因表达量以对照组表达为 1 计算其相对表达量。每个 RT-PCR 扩增五个重复,并以平均数±标准差均值(SEM)表示。所有基因表达值均以内参基因 GAPDH 表达来标准化。* $p<0.05$, * * $p<0.01$

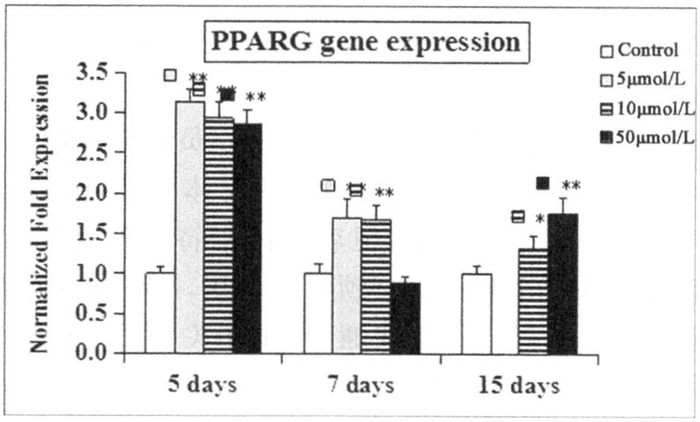

图 5-8　实时定量 RT-PCR 检测用不同浓度的曲格列酮(5μmol/L、10μmol/L 和 50μmol/L)处理韩牛骨骼肌卫星细胞融合 5d,7d 和 15d 后细胞中 PPARG 基因 mRNA 的表达。处理组基因表达量以对照组表达为 1 计算其相对表达量。每个 RT-PCR 扩增五个重复,并以平均数±标准差均值(SEM)表示。所有基因表达值均以内参基因 GAPDH 表达来标准化。* $p<0.05$, * * $p<0.01$

5.5 讨论

细胞计数试剂盒-8(CCK-8 试剂盒)是由日本同仁化学研究所(Dojindo Laboratories, Kumamoto, Japan)开发的检测细胞增殖、细胞毒性的试剂盒,为 MTT 法的替代方法,CCK-8 试剂盒利用了日本同仁化学研究所(Dojindo)开发的四唑盐——WST-8 [2-(2-甲氧基-4-硝苯基)-3-(4-硝苯基)-5-(2,4-二磺基苯)-2H-四唑单钠盐](Ishiyama et al., 1996; Itano et al., 2002),在日本,美国,欧洲等国家地区均持有专利,同仁化学研究所于2006 年在中国获得了 WST 的注册商标。WST-8 在电子载体 1-Methoxy PMS 存在的情况下能够被还原成水溶性的甲臜染料。CCK-8 溶液可以直接加入到细胞样品中,不需要预配各种成分。CCK-8 法是用于测定细胞增殖或细胞毒性试验中活细胞数目的一种高灵敏度,无放射性的比色检测法。CCK-8 被细胞内脱氢酶生物还原后生成的橙色甲臜染料能够溶解在组织培养基中,生成的甲臜量与活细胞数量成正比。WST-8 法检测细胞增殖、细胞毒性实验的灵敏度比其他四唑盐如 MTT, XTT, MTS 或 WST-1 高。由于 CCK-8 溶液相当稳定,并且对细胞没有毒性,因此可以长时间孵育。我们的研究结果表明,在细胞计数试剂盒-8 法(CCK-8)与直接细胞计数法之间的存在线性关系(图 5-1)。

曲格列酮(TGZ)是噻唑烷二酮类药物的一员,是一种抗糖尿病和抗炎症药物,通过激活过氧化物酶体增殖物激活受体(PPAR)起作用。曲格列酮开始批准用于治疗Ⅱ型糖尿病,但后来由于特殊的药物毒性(Masubuchi, 2006),已经从市场上撤回。一项研究表明,曲格列酮存在对大鼠细胞多种途径的作用效应包括与细胞代谢、增殖相关的 DNA 损伤,氧化应激,细胞凋亡和炎症以及还存在多种基因表达的变化(Vansant et al., 2006)。最近有在体外和体内的研究表明,曲格列酮可以抑制肺癌转移的发展和肿瘤的生长,并提出曲格列酮(TGZ)对原发性骨肉瘤可作为有效的辅助化疗(Aizawa et al., 2010)。然而,在肿瘤生物学上曲格列酮的作用是有争议的。有证据表明 20-100μmol/L 的曲格列酮(TGZ)会抑制 MG-63 细胞的生长(Haydon et al., 2002),但是也有研究报告显示,5μmol/L 和 50μmol/L 的曲格列酮(TGZ)不影响 MG-63 细胞的增殖但是会增加细胞的存活力从而提高骨肉瘤细胞的生长(Lucarelli et al., 2002)。洋红(2008)等人进行了研究表明曲格列酮(TGZ)在 1μmol/L 或 100μmol/L 浓度是会降低体外培养 LMM3 细胞的活力。在我们的研究中,曲格列酮不影响韩牛骨骼肌卫星细胞的细胞活力(图 5-2)。这些差异最重要的原因可能是药物代谢的差异以及药物和细胞间分子毒性的相互作用发展之间的差异(Edling et al., 2009)。

早前许多实验室的研究已经报道了不同的脂肪形成介质影响骨骼肌卫星细胞中脂滴的积累(Hu et al., 1995; Kook et al., 2006; Singh et al., 2007)。因此,在目前的这项研究中,我们研究用一个新的脂肪形成介质曲格列酮来取代其他化学物质诱导骨骼肌卫星细胞的脂肪生成效果。在这个实验中,利用低浓度的曲格列酮(5μmol/L)或较高浓度曲格列酮(50μmol/L)诱导韩牛骨骼肌卫星细胞进行成脂分化(图 5-3)。我们的研究结果表明,曲格列酮可以作为一种有效的活化剂在体外诱导韩牛骨骼肌卫星细胞分化为脂肪细胞。

有数量可观的已经发表的论文显示从成年小鼠骨骼肌卫星细胞分离的多能干细胞也可以向成骨细胞、脂肪细胞和肌细胞方向进行分化(Wada et al., 2002; Asakura et al., 2001)。而且也有从几个物种(猪、牛、人、大鼠等)提取的骨骼卫星细胞的体外培养研究证据表明这些细胞可以进行成脂分化(De et al., 2006; Kook et al., 2006; Singh et al., 2007; Yada et al., 2006)。然而,所有这些研究中都没有对细胞的肌源性标记进行分析。有证据表明,在骨骼肌卫星干细胞的肌源性分化和脂肪性分化之间存在着一种平衡,这种平衡可以在特定的病理条件下得到改变。调节这种平衡是否有助于增加肌肉内的脂肪含量还有待探讨(Coppi et al., 2006)。在我们的研究中,曲格列酮不仅增加了韩牛骨骼肌卫星细胞中成脂转录因子的表达,也增加了 CAPN1 基因在这些细胞中的表达。有很多证据表明 CAPN1 参与肌肉转录因子调控途径(Moyen et al., 2004; Nishimura et al., 2008; Liu et al., 2010; Brulé et al., 2010)。例如,Moyen 等人(2004)表明当 CAPN1 基因在 C2C12 细胞中的过表达后在肌肉中的肌细胞生成素水平下降(59%)。这些研究表明,CAPN1 似乎可以作为一个类似于其他肌形成的标志物如肌源性调节因子(MRF)一样的标记。在此,我们推测 CAPN1 基因参与了骨骼肌卫星生肌和成脂分化间的平衡。在成肌细胞向脂肪细胞的转分化过程中,几个与相关脂肪细胞标记基因的表达如 FABP4、PPARγ、CEBPA 基因的表达依赖于肌源性标记基因的表达以及 CAPN1 基因表达。然而,CAPN1 基因和脂肪细胞的标记基因在骨骼肌卫星细胞分化过程中的确切分子机制还需要进一步进行研究和阐明。

有相当多的研究旨在阐明体外培养的骨骼肌卫星细胞在动物出生后的肌肉生长发育和产肉动物细胞的油脂积累中的分子机制(De et al., 2006; Kook et al., 2006; Singh et al., 2007; Yada et al., 2006; Coppi et al.,

2006；Moyen et al.，2004；Nishimura et al.，2008；Liu et al.，2010；Brulé et al.，2010）。在农业研究领域研究过程中已经知道肉的质量与肌肉组织中的大理石花纹相关联。因此，增加肌源性卫星细胞的增殖和分化会增加肉的产量，增加脂质的积聚会增加大理石花纹。因此，本研究的目的是为了研究骨骼肌卫星细胞分化为肌管过程中和脂质积累过程中的分子机制，希望在不久的将来能够有助于提高产肉动物提供的肉品质。然而，在体外实验中使用的牛骨骼肌卫星细胞培养系统和曲格列酮的直接应用到细胞中也许不能完全反应曲格列酮在动物体内应用的效果，因为骨骼肌卫星细胞提取是破坏了肌肉纤维间和静止的骨骼肌卫星细胞的细胞间的关系。无论如何，了解肌源性骨骼肌卫星细胞的外在调节机制是朝着这个目标迈出的积极的一步。

5.6 结论

综上所述，我们的研究表明，可用曲格列酮诱导从成年韩牛分离提取的骨骼肌卫星细胞转分化为脂肪样细胞。此外，本研究的结果表明，在肌源性细胞向脂肪样细胞的分化过程中与脂肪细胞标记基因的表达相关的几个基因如 FABP4，PPARγ，CEBPA 基因的表达依赖于肌源性标记基因的表达如 CAPN1 基因表达。当然还需要进一步的实验来阐明这些标记基因在骨骼肌卫星细胞转分化过程中受调控的分子机制。

第6章　关于本细胞模型研究的一些思考：当前研究的局限性和未来的发展方向

6.1　总体讨论

本研究主要是期望建立韩牛骨骼肌卫星细胞培养模型来研究牛肌源性骨骼肌卫星细胞在增殖、分化、迁移和凋亡过程等不同的生长和融合条件下，关于动物出生后肌肉生长发育的过程和动物屠宰后肉的熟化过程中一系列蛋白水解酶间众多基因间互作的分子机制。基于这一系列的研究结果，我们提出了一些关于韩牛骨骼肌卫星细胞的新假说和结论，在韩牛骨骼肌卫星细胞的增殖和细胞凋亡过程中发现了一系列的候选基因及其相关蛋白如 μ-钙蛋白酶，钙蛋白酶抑制蛋白，半胱天冬酶，HSPs 等不同的表达模式，实验证明了这些候选基因在韩牛骨骼肌卫星细胞增殖阶段或者融合阶段的不同表达规律，这些发现或有助于了解动物屠宰后肌肉内早期死亡的蛋白质间的互作机制和肉质嫩化过程的机制。同时，也发现了在韩牛骨骼肌卫星细胞增殖分化过程中 μ-钙蛋白酶和半胱天冬酶系统之间的互作效应。此外，还发现了在韩牛骨骼肌卫星细胞分化过程中 FABP4，PPARγ，CEBPA 和 CAPN1 不同的表达模式，这些基因或许可以作为类似 MRFs 一样的脂肪细胞的标记基因。

虽然所有这些研究结果都是通过对体外培养的骨骼肌卫星细胞的模型研究来获取的，但肌源性卫星细胞的培养为揭示这些候选基因及其相互作用对骨骼肌生长和动物屠宰后早期肌肉蛋白水解的作用机制的研究提供了有价值的研究工具。虽然骨骼肌卫星细胞不仅是动物出生后的细胞核的主要来源，但是骨骼卫星细胞的活动可能对动物出生后肌肉的生长能力有一定协助（Rhoads et al.，2009）。本研究通过对牛骨骼肌卫星细胞的体外培养，可以很好地反映骨骼肌卫星细胞在动物机体内的特性。在对于骨骼肌卫星细胞的研究中，主要有两种已经实施体外培养的策略：①原发性肌细胞培养和②分离的完整肌纤维的培养物，使骨骼肌卫星细胞保持在原位位置下方的肌纤维基底层。未来的研究工作可以用第二种方法，因为可以模拟骨骼肌卫星细胞存在的微环境，这也是因为包括骨骼肌卫星细胞在内的肌肉细胞的活化、增殖和分化在很大程度上由其与肌细胞周围的细胞外基质(ECM)环境的相互作用调节(Rhoads et al.，2009)。鉴于分离完整组织的复杂性,例如从肌纤维完整移出后来评估它们的后续活动,就使得完整的肌纤维分离为成体的骨骼肌卫星细胞在其原生位置提出更严格的技术要求。本论文首次采用第一种方法探讨肌源性卫星细胞在肌肉生长和肥大过程中的分子机制。然而,在使用共分离卫星细胞的细胞分离方案的所有研究人员在主要使用成肌细胞培养方法会担心一些污染细胞如纤维细胞带来实验的偏差和使实验结果偏离我们的研究目的(Rhoads et al.，2009)。在我们的研究中所提取的原代肌肉细胞被加载到免疫磁珠细胞分选系统(MACS)上,以减少原代培养中非肌源性细胞的存在,从而更好地消除来自其他类型细胞的干扰。单个组织和肌肉细胞的凋亡是从动物屠宰后几分钟到几个小时的快速过程(Green,2005),并且在动物屠宰后肌肉组织中早期死后肌肉蛋白水解的天然模型中难以检测到这种凋亡或/坏死过程。因此,在我们的实验研究中,使用骨骼肌卫星细胞的缺氧模型为解决这个问题提供了一种简单而又可重复的方法。

本研究的主要目的之一是探求一些新的基因和蛋白质在骨骼肌卫星细胞中的不同作用。肌细胞生成过程中的静止骨骼肌卫星细胞被激活,单核的成肌细胞融合,随后形成成熟的成肌纤维(图 1-1)。肌纤维数量在哺乳动物和鸟类物种中是恒定的,因为成年动物的细胞核有丝分裂后,不能合成 DNA(Stockdale and Holtzer，1961),动物出生产后肌肉的增长是肌纤维数量不变而增加单个纤维的增长率(增加肌纤维的大小)(Remignon et al.，1995；Mozdziak et al.，1997)。肌肉纤维的生长速率的增加涉及肌肉蛋白质的合成和降解,肌纤维尺寸的增加率之间的差异(肌肉生长)与动物出生后的脊椎动物细胞核直接相关(Allen et al.，1979)。这些额外的细胞核来源是骨骼肌卫星细胞,位于肌膜和纤维基底膜之间(Mauro，1961). Moss and Leblond(1970)也将骨骼肌卫星细胞确定为大鼠肌细胞的核源。骨骼肌卫星细胞对动物出生后的肌肉发育是很重要的,因为它们在动物出生后的肌细胞生长分化过程中会导致细胞核的增加(Kadi and Thornell，2000；Sinha-Hikim et al.，2003)。来自肉类科学方面的研究表明,肌肉纤维数量可能会影响肉的品质。通过遗传相关系数和选择实验的结果可以推断,选择中等纤维大小的高纤维数对于获得高肉含量和良好的肉质(保水能力)是最有利的。当在选择反应时过分强调肌纤维尺寸的增加似乎会减少肌纤维适应各种活动引起的需求。这又是与应激敏感性和现代肉用型猪种的肉质较差相关(Cassens et al.，1975；Fiedler et al.，1999；Wicke et al.，1991；Lengerken et al.；1997)。以前的研究发现,肌肉纤维数量多但纤维较小的猪生产的肉质较好（pH_{45}较高，肉色较深，滴水损失较少）（Lengerken et al.，1997）。这些研究结果表明，一些肉品质的变化是依赖于肌肉组织的结构变化。根据现有研究数据表明，针对骨骼肌卫星细胞的活化、迁移、增殖、分化和成熟等相关的分子机制的重要信息和肌肉特异性基因的表达息息相关。特异性基因的表达导致动物出生后骨骼肌卫星细胞行为的改变，进而影响肌肉品质。这可能是因为骨骼肌卫星细胞的增殖影响肌肉蛋白质周转，进而影响肌肉品质。钙蛋白酶参与了肉的嫩化过程，也被证明与不同类型纤维相关（Parr et al.，1999；2001）。从我们第一次实验的结果表明，μ-钙蛋白酶参与骨骼肌卫星细胞的肌形成过程（图 3-4）和在缺氧条件下的细胞凋亡过程（图 3-5）。第二次实验结果显示抑制目标基因如μ-钙蛋白酶基因的表达会降低 caspase-9 和 caspase-3 在骨骼肌卫星细胞增殖和凋亡过程中的活性（图 4-2，图 4-3）。第三次实验提供的研究证据表明，μ-钙蛋白酶参与了骨骼肌卫星细胞在转分化过程中向生肌和成脂分化之间的平衡过程（图 5-6）。总而言之，本研究显示，μ-钙蛋白酶可能在骨骼肌卫星细胞的增殖和分化过程中扮演了很重要的角色。本研究提出的一些假说可以更详细地解释其在动物出生后肌肉生长发育和成熟过程中的作用。第一，μ-钙蛋白酶可能是通过作用于 MRFs（肌肉调控因子）调控肌肉发育的途径及其底物如波形蛋白、结蛋白。第二，在利用骨骼肌卫星在缺氧条件下模拟动物屠宰后肌肉蛋白水解的早期肌细胞死亡过程中的研究中，μ-钙蛋白酶可能参与了其他蛋白水解系统的活动如半胱天冬酶系统。第三，骨骼肌卫星细胞转分化成脂肪样细胞的过程中与脂肪细胞标记基因的表达相关的几个基因如 FABP4，PPARγ，CEBPA 等的表达，也依赖于 CAPN1 基因的表达（μ-钙蛋白酶）。总之，在骨骼肌卫星细胞的增殖分化和转分化之间有一个秘密的链接存在于μ-钙蛋白酶和众多的基因和蛋白之间。μ-钙蛋白酶可能直接参与周转和/或这些基因或蛋白的调节，因此负责它们的表达或沉默（Moyen et al.，2004）。

本论文研究了 caspases 基因的表达，因为 caspase 与细胞凋亡密切相关，而这是一个重要的生理过程，在肌肉组织的发展和平衡中起着至关重要的作用（Fan et al.，2005）。细胞凋亡与一种有骨骼肌卫星细胞参与肌肉萎缩导致肌纤维（发育不全）或损失（萎缩肌纤维段）的现象密切相关（ Bartoli et al.，2005 ）。肌肉萎缩是指横纹肌营养不良，肌肉体积较正常缩小，肌纤维变细甚至消失。在动物出生后的肌肉生长过程中的肌肉萎缩包括肌肉营养成分的下降（一种纤维尺寸的减少）和/或发育不全的成分（纤维的数量减少）（Bartoli et al.，2005）；简要介绍就是因为营养不良，导致肌组织蛋白被分解，引起萎缩。除此之外，在人类医学术语也提到衰老肌肉的质量和功能的丧失也被称为肌肉减少症。有研究报道,骨骼肌卫星细胞与肌肉肥大之间有很强的相关性,例如,一些研究显示当参与骨骼肌的适应性反应电阻式运动训练和/或其他干预措施后,通过骨骼肌卫星细胞的潜在调节来诱导骨骼肌的肥大(O'Connor et al.,2007;McCarthy and Esser,2007)。骨骼肌卫星细胞是必不可少的维护肌纤维增长和再生的来源之一(Hawke, et al.,2001)。在凋亡细胞的研究中发现萎缩的纤维外的卫星细胞数量减少(Mitchell et al.,2004)。因此,骨骼肌卫星细胞的变化与动物出生后产出的肌肉质量有关。无论是 caspase 级联系统(Fan et al.,2005)还是钙蛋白酶系统(Dargelos et al.,2008)可能都在肌肉萎缩和肌细胞死亡中发挥作用。然而,肌肉萎缩的细胞凋亡机制目前还不清楚。在本研究中,骨骼肌卫星细胞分化期间,CAPN1,CASP7,CARD9(图 3-4)的 mRNA 表达量和半胱氨酸天冬氨酸蛋白酶-3,-7,-8,-9(图 3-6)的蛋白质水平活性显着增加。第二次的实验结果显示,在卫星细胞增殖过程中 μ-calpain 的表达与 caspase-3 和 caspase-7 基因的表达存在互作关系(图 4-2、图 4-3)。我们的研究结果表明,大量的凋亡通路可能骨骼肌卫星细胞的分化过程中发生。在此,μ-钙蛋白酶可能在骨骼肌卫星的肌生成的调节中起主要作用。基于本研究现有的数据可以肯定的是在韩牛骨骼肌卫星细胞增殖、分化、迁移和凋亡的不同阶段,μ-calpain 可能会调节 caspase-3,caspase-7,caspase-9 的活性。

6.2 当前研究的局限性及未来发展方向

本研究中的许多候选基因和蛋白质如半胱氨酸天冬氨酸蛋白酶在骨骼肌卫星细胞缺氧条件下死亡过程发挥了新的作用,对于培养的骨骼肌卫星细胞进行的模型研究来模拟动物屠宰后肌肉早期死亡事件影响肉的品质的生物学因素以及细胞凋亡过程等研究有一定的启示作用。虽然体外培养原代韩牛骨骼肌卫星细胞所表现出的体外特性可以很好地反映体内卫星细胞的特性,该细胞模型的研究也提供了一种简单、重现性好的研究方法,但需要进一步的研究来比较本实验模型(细胞模型研究)和自然模型如用在活的动物(鸡胚胎是一个方便的模型)之间的结果,也可以用动物屠宰的尸体,或通过使用小的组织样本来进行验证。此外,分离完整的单根肌纤维进行培养会是一个更好的策略来探讨动物出生后肌肉增长的事件,因为它提供了一个更好的模型用于评估成年动物骨骼肌卫星细胞的特性,在肌纤维中肌细胞保持其原生位置可以更好地评估以及预测肌肉生长和再生能力,因为在肌纤维中容易检测到卫星细胞的分布和活力。

本研究在第一次实验和第二次实验中检测了与细胞凋亡密切相关的凋亡蛋白酶的活性。各种其他技术也可用于检测细胞凋亡，如末端脱氧核苷酸转移酶(TDT)介导 dUTP 缺口末端标记法(TUNEL)法、琼脂糖凝胶电泳，用提取的 DNA 进行琼脂糖凝胶电泳并分析 DNA 降解，用荧光染料染色，流式细胞仪分析和核酸检测。当然，上述凋亡检测方法的优缺点有待于今后的研究探讨。未来的研究工作可以利用转基因动物来研究 μ-calpain 在动物出生后的肌肉增长中肌肉细胞间和/或蛋白酶间的作用机制。在本研究中，通过使用 Silencer siRNA 构建试剂盒(Ambion，AM1620)，获得了 RNAi 的成功体外转录；构建了稳定的 μ-钙蛋白酶-siRNA 或其他靶基因的 siRNA，siRNA 技术还可以根据需要进一步开展研究。pSilencer TM 5.1 Retro siRNA 表达载体(Ambion，am5782)采用逆转录病毒介导的基因转移来实现这一目标。该策略能够通过在 siRNA 表达载体中存在抗生素抗性基因来完全抑制 μ-钙蛋白酶，使得能够选择稳定表达发夹状 siRNA 的细胞并观察靶基因抑制的长期效应。

参考文献

[1] Aberle, D. E., Forrest, J. C., Gerrard, E. D., Mills, E. W., Harold, B. H., Judge, M. D., and Merkel, R. A. (2001). Principles of Meat Science, 4th Ed., Kendall/Hunt Company, Dubuque, Iowa.

[2] Ahn, J. H., Ko, Y. G., Park, W. Y., Kang, Y. S., Chung, H. Y., and Seo, J. S. (1999). Suppression of ceramide-mediated apoptosis by HSP70. Mol Cells. 9, 200—206.

[3] Aizawa, J., Sakayama, K., Kamei, S., Kidani, T., Yamamoto, H., Norimatsu, Y., Masuno, H. (2010). Effect of troglitazone on tumor growth and pulmonary metastasis development of the mouse osteosarcoma cell line LM8. BMC Cancer Feb. 22; 10: 51.

[4] Allen, D. M., Chen, L. E., Seaber A. V., and Urbaniak, J. R. (1997). Calcitonin gene-related peptide and reperfusion injury. J Orthop Res. 15, 243—248.

[5] Allen, R. E. (1987). Muscle cell culture as a tool in animal growth research. Fed Proc 46, 290—294.

[6] Allen, R. E., Dodson, MV., Luiten, L. S., Boxhorn, L. K. (1985). A serum-free medium that supports the growth of cultured skeletal muscle satellite cells. In Vitro Cell Dev Biol. 21, 636—640.

[7] Allen, R. E., Merkel, R. A., and Young, R. B. (1979). Cellular aspects of muscle growth: myogenic cell proliferation. J Ani Sci. 49, 115—127.

[8] Allen, R. E., and Rankin, L. L. (1990). Regulation of satellite cells during skeletal muscle growth and development. Proc Soc Exp Biol Med. 194, 81—86.

[9] Altschuld, R. A., Hostelter, J. R., and Brierley, G. P. (1981). Response of isolated rat heart cells to hypoxia, reoxygenation and acidosis. Circ Res. 49, 307—316.

[10] Anderson, J. E. (2006). The satellite cell as a companion in skeletal muscle plasticity: currency, conveyance, clue, connector and colan-

der. J Exp Biol. 209,2276－2292.

[11] Appell,H. J. ,Forsberg,S. ,and Hollman,W. (1988). Muscle satellite cells are multipotential stem cells that exhibit myogenic,osteogenic and adipogenic differentiation. Differentiation. 68,245－253.

[12] Artus,C. ,Maquarre,E. ,Moubarak,R. S. ,Delettre,C. ,Jasmin,C. , Susin, S. A. , Robert-Lezenes, J. (2006). CD44 ligation induces caspase-independent cell death via a novel calpain/AIF pathway in human erythroleukemia cells. Oncogene. 25,5741－5751.

[13] Asakura,A. ,Komaki,M. ,Rudnicki,M. (2001). Muscle satellite cells are multipotential stem cells that exhibit myogenic,osteogenic,and adipogenic differentiation. Differentiation. 68,245－53.

[14] Ashkenazi,A. ,and Dixit,V. M. (1998). Death receptors: signaling and modulation. Science. 281,1305－1308.

[15] Balcerzak,D. ,Cottin,P. ,Poussard,S. ,Cucuron,A. ,Brustis,J. J. and Ducastaing,A. (1998). Calpastatin-modulation of m-calpain activity is required for myoblast fusion. Eur J Cell Biol. 75,247－253.

[16] Barnoy,S. ,Glaser,T. ,and Kosower,N. S. (1996). The role of calpastatin (the specific calpain inhibitor) in myoblast differentiation and fusion. Biochem Biophys Res Comm. 220,933－938.

[17] Barnoy,S. ,Supino-Rosin,L. ,and Kosower,N. S. (2000). Regulation of calpain and calpastatin in differentiating myoblasts: mRNA levels,protein synthesis and stability. Biochem J. 351,413－420.

[18] Bartoli,M. ,and Richard,I. (2005). Calpains in muscle wasting. Int J Biochem Cell Biol. 37,2115－2133.

[19] Beauchamp,J. R. ,Heslop,L. ,Yu,D. S. ,Tajbaksh,S. ,Kelly,R. G. , Wernig,A. ,Buckingham,M. E. ,Patridge,T. A. ,and Zammit,P. S. (2000). Expression of CD34 and Myf5 defines the majority of quiescent adult skeletal muscle satellite cells. J Cell Biol. 151,1221－1234.

[20] Bee,G. ,Anderson,A. L. ,Lonergan,S. M. ,and Huff-Lonergan,E. (2007). Rate and extent of pH decline affect proteolysis of cytoskeletal proteins and water-holding capacity in pork. Meat Sci. 76, 359－365.

[21] Beere,H. M. (2004). The stress of dying: The role of heat shock proteins in the regulation of apoptosis. J of Cell Sci. 117, 2641－2651.

[22] Beere, H. M. (2005). Death versus survival: Functional interaction between the apoptotic and stress-inducible heat shock protein pathways. J Clin Invest. 115, 2633—2639.

[23] Belizario, J. E., Lorite, M. J., and Tisdale, M. J. (2001). Cleavage of caspases-1, -3, -6, -8 and -9 substrates by proteases in skeletal muscles from mice undergoing cancer cachexia. Br J Canc. 84, 1135—1140.

[24] Bello, B. D., Valentini, M. A., Mangiavacchi, P., Comporti M., and Maellaro, E. (2004). Role of caspases-3 and -7 in Apaf-1 proteolytic cleavage and degradation events during cisplatin-induced apoptosis in melanoma cells. Exp Cell Res. 293, 302—310.

[25] Bertin, J., Guo, Y., Wang, L., Srinivasula, S. M., Jacobson, M. D., Poyet, J. L., Merriam, S., Du, M. Q., Dyer, M. J., Robison, K. E., DiStefano, P. S., and Alnemri, E. S. (2000). CARD9 is a novel caspase recruitment domain-containing protein that interacts with BCL10/CLAP and activates NF-kappaB. J Biol Chem. 275, 41082—41086.

[26] Bischoff, R. (1974). Enzymatic liberation of myogenic cells from adult rat muscle. Anat Rec. 180, 645—662.

[27] Bischoff, R. (1986). Proliferation of muscle satellite cells on intact myofibers in culture. Dev Biol. 115, 129—139.

[28] Bizat, N., Hermel, J. M., Humbert, S., Jacquard, C., Creminon C., and Escartin, C. (2003). In vivo calpain/caspase cross-talk during 3-nitropropionic acid-induced striatal degeneration: implication of a calpain-mediated cleavage of active caspase-3. J Biol Chem. 278, 43245—43253.

[29] Boatright, K. M., and Salvesen, G. S. (2003). Mechanisms of caspase activation. Curr Opin Cell Biol. 15, 725—731.

[30] Bruey, J. M., Ducasse, C., Bonniaaud, P., Ravagnan, L., Susin, S. A., Diazlatod, C., Gurubuxani, S., Arrigo, A. P., Kroemer, G., and Solary, E. (2000). Hsp 27 negatively regulates cell death by interacting with cytochrome C. Nat Cell Biol. 2, 645—652.

[31] Brulé, C., Dargelos, E., Diallo, R., Listrat, A., Béchet, D., Cottin, P., Poussard, S. (2010). Proteomic study of calpain interacting proteins during skeletal muscle aging. Biochimie. 92, 1923—1933.

[32] Brustis, J. J., Elamrani, N., Balcerzak, D., Safwate, A., Soriano, M., Poussard, S., Cottin, P., and Ducastaing, A. (1994). Rat myoblast fusion requires exteriorized m-calpain activity. Eur J Cell Biol. 64(2), 320—327.

[33] Burton, N. M., Vierck, J., Krabbenhoft, L., Bryne, K., Dodson, M. V. (2000). Methods for animal satellite cell culture under a variety of conditions. Methods Cell Sci. 22, 51—61.

[34] Cao, G., Xing, J., Xiao, X., Liou, A. K., Gao, Y., Yin, X. M., Clark, R. S., Graham, S. H., Chen, J. (2007). Critical role of calpain I in mitochondrial release of apoptosis-inducing factor in ischemic neuronal injury. J Neurosci. 27, 9278—9293.

[35] Cassar-Malek, I., Langloisa, N., Picarda, B., and Geaya, Y. (1999). Regulation of bovine satellite cell proliferation and differentiation by insulin and triiodothyronine. Domest Anim Endocrinol. 17, 373—388.

[36] Cassens, R. G., Marple, D. N., and Eikelenboom, G. (1975). Animal physiology and meat quality. Adv Food Res. 21, 71—155.

[37] Chen, M., He, H., Zhan, S., Krajewski, S., Reed, J. C., and Gottlieb, R. A. (2001). Bid is cleaved by calpain to an active fragment invitro and during myocardial ischemia/reperfusion. J Biol Chem. 276, 30724—30728.

[38] Chen, S. J., Bradley, M. E., Lee T. C. (1998). Chemical hypoxia triggers apoptosis of cultured neonatal rat cardiac myocytes: modulation by calcium-regulated proteases and protein kinases. Mol Cell Biochem. 178, 141—149.

[39] Chipuk, J. E., and Green, D. R. (2005). Do inducers of apoptosis trigger caspase-independent cell death? Nat Rev Mol Cell Biol. 6, 268—275.

[40] Cho, S. H., Kim, J., Park, B. Y., Seong, P. N., Kang, G. H., Kim, J. H., Jung, S. G., Im, S. K. D., and Kim, H. (2010). Assessment of meat quality properties and development of a palatability prediction model for Korean Hanwoo steer beef. Meat Sci. 86, 236—242.

[41] Chua, B. T., Guo, K., and Li, P. (2000). Direct cleavage by the calciumactivated protease calpain can lead to inactivation of caspases. J Biol Chem. 275, 5131—5135.

[42] Cohen, G. M. (1997). Caspases: the executioners of apoptosis. Bio-

chem J. 326 (Pt 1), 1—16.
[43] Concannon, C. G., Gorman, A. M., and Samali, A. (2003). On the role of Hsp27 in regulating apoptosis. Apoptosis. 8, 61—70.
[44] Cornelison, D. D., and Wold, B. J. (1997). Single-cell analysis of regulatory gene expression in quiescent and activated mouse skeletal muscle satellite cells. Dev Biol. 191, 270—283.
[45] Cottin, P., Brustis, J. J., Poussard, S., Elamrani, N., Broncard, S., and Ducastaing, A. (1994). Ca^{2+}-dependent proteinases (calpains) and muscle cell differentiation. Biochim Biophys Acta. 1223(2), 170—178.
[46] Creagh, E. M., Carmody, R. J., and Cotter, T. G. (2000). Heat shock protein 70 inhibits caspase-dependent and -independent apoptosis in Jurkat T cells. Exp Cell Res. 257, 58—66.
[47] Csete, M. J., Walikonis, J., Slawny, N., Wei, Y., Korsnes, S., Doyle, J. C., and Wold, B. (2001). Oxygen-mediated regulation of skeletal muscle satellite cell proliferation and adipogenesis in culture. J Cell Physil. 189, 189—196.
[48] Dargelos, E., Poussard, S., Brule, C., Daury, L., and Cottin, P. (2008). Calcium-dependent proteolytic system and muscle dysfunctions: A possible role of calpains in sarcopenia. Biochimie. 90, 359—368.
[49] De Coppi, P., Milan, G., Scarda, A., Boldrin, L., Centobene, C., Piccoli, M., Pozzobon, M., Pilon, C., Pagano, C., Gamba, P., Vettor, R. (2006). Rosiglitazone modifies the adipogenic potential of human muscle satellite cells. Diabetologia. 49, 1962—1973.
[50] Del Bello, B., Moretti, D., Gamberucci, A., Maellaro, E. (2007). Cross-talk between calpain and caspase-3/-7 in cisplatin-induced apoptosis of melanoma cells: a major role of calpain inhibition in cell death protection and p53 status. Oncogene. 26, 2717—2726.
[51] Dodson, M. V., Allen, R. E. (1987). Interaction of multiplication stimulating activity/rat insulin-like growth factor Ⅱ with skeletal muscle satellite cells during aging. Mech Ageing Dev. 39, 121—128.
[52] Dodson, M. V., Martin, E. L., Brannon, M. A., Mathison, B. A., and Mcfarland, D. C. (1987). Optimization of bovine satellite cell derived myotube formation in vitro. Tissue Cell. 19, 159—166.

[53] Dodson, M. V., McFarland, D. C., Bandman, E., Dayton, W., Yablonka-Reuveni, Z., Greene, E., Doumit, M., Bergen, W., Merkel, R., Vierck, J., Velleman, S., and J. Koumans. (1995). Status of satellite cell research in agriculture. Basic Appl Myol. 5: 5—10.

[54] Dodson, M. V., McFarland, D. C., Grant, A. L., Doumit, M. E., Velleman, S. G. (1996). Extrinsic regulation of domestic animal-derived satellite cells. Domest Anim Endocrinol. 13, 107—126.

[55] Dodson, M. V., McFarland, D. C., Martin, E. L., and Brannon, M. A. (1986). Isolation of satellite cells from ovine skeletal muscle. J Tiss Cul Meth. 10(4), 233—237.

[56] Earnshaw, W. C., Martins, L. M., and Kaufmann, S. H. (1999). Mammalian caspases: Structure, activation, substrates, and functions during apoptosis. Annu Rev Biochem. 68, 383—424.

[57] Ebisui, C., Tsujinaka, T., Kido Y., Iijima, S., Yano, M., Shibata, H., Tanaka, T., and Mori, T. (1994). Role of intracellular proteases in differentiation of L6 myoblast cells. Biochem Mol Biol Int. 32, 515—521.

[58] Edling, Y., Sivertsson, L. K., Butura, A., Ingelman-Sundberg, M., Ek, M. (2009). Increased sensitivity for troglitazone-induced cytotoxicity using a human in vitro co-culture model. Toxicol Vitro. 23, 1387—1395.

[59] Eguchi, R., Toné, S., Suzuki, A., Fujimori, Y., Nakano, T., Kaji, K., Ohta, T. (2009). Possible involvement of caspase-6 and -7 but not caspase-3 in the regulation of hypoxia-induced apoptosis in tube-forming endothelial cells. Exp Cell Res. 315, 327—335.

[60] Enari, M., Sakahira, H., Yokoyana, H., Okawa, K., Iwamatsu, A., and Nagata, S. (1998). A caspases-activated DNAse that degrades DNA during apoptosis, and its inhibitor ICAD. Nature. 391, 43—50.

[61] Fan, T. J., Han, L. H., Cong, R. S., and Liang, J. (2005). Caspase family proteases and apoptosis. Acta Biochimica et Biophysica Sinica. 37, 719—727.

[62] Fernando, P., Kelly, J. F., Balazsi, K., Slack, R. S., and Megeney, L. A. (2002). Caspase 3 activity is required for skeletal muscle differentiation. Proc Nat Acad Sci USA. 99, 11025—11030.

[63] Ferrari, G., Cusella-De, A. G., Coletta, M., Paolucci, E., Stornaiuo-

lo, A. , Cossu, G. , and Mavilio, F. (1998). Muscle regeneration by bone marrow-derived myogenic progenitors. Science. 279, 1528—1530.

[64] Fidzianska, A. , Kaminska, A. , and Glinka, Z. (1991). Muscle cell death. Ultrastructural difference between muscle cell necrosis and apoptosis. Neuropatol Pol. 29,19—28.

[65] Fiedler, I. , Ender, K. , Wicke, M. , Maak, S. , Von Lengerken, G. , and Meyer, W. (1999). Structural and functional characteristics of muscle fibres in pigs with different malignant hyperthermia susceptibility (MHS) and different meat quality. Meat Sci. 53,9—15.

[66] Fischer, D. , Matten, J. , Reimann, J. , Bönnemann, C. , and Schröder, R. (2002). Expression, localization and functional divergence of αB-crystallin and heat shock protein 27 in core myopathies and neurogenic atrophy. Acta Neuropathol. 101,297—304.

[67] Fuchtbauer, E. M. , and Westphal, H. (1992). MyoD and myogenin are coexpressed in regenerating skeletal muscle of the mouse. Dev Dyn. 193,34—39.

[68] Fuentes-Prior, P. , and Salvesen, G. S. (2004). The protein structures that shape caspase activity, specificity, activation and inhibition. Biochem J . 384,201—232.

[69] Fux, C. , Mitta B. , Kramer B. P. , Fussenegger M. (2004). Dual-regulated expression of C/EBP-alpha and BMP-2 enables differential differentiation of C2C12 cells into adipocytes and osteoblasts. Nucleic Acids Res. 2; 32: e1.

[70] Gabai, V. L. , Mabuchi, K. , Mosser, D. D. , and Sherman, M. Y. (2002). HSP72 and stress kinase C-jun N-terminal kinase regulate the Bid-dependent pathway in tumor necrosis factor-induced apoptosis. Mol Cell Biol. 22,3412—3424.

[71] Gao, G. , and Dou, Q. P. (2000). N-terminal cleavage of Bax by calpain generates a potent propoptotic 18-kDa fragment that promotes Bcl-2-independent cytochrome C release and apoptotic cell death. J Cell Biochem. 80,53—72.

[72] Garrido, C. , Gurbuxani, S. , Ravagnan, L. , and Kromer, G. (2001). Heat shock Proteins: Endogenous modulators of apoptotic cell death. Biochem Biophys Res Commun. 286,433—442.

[73] Gartner, L. P., and Hiatt, J. L. (2007). Color Textbook of Histology. 3rd edition. W. B. Saunders Company, Pennsylvania, USA.

[74] Gil-Parrado, S., Fernandez-Montalvan, A., Assfalgmachleidt, I., Popp, O., Bestvater, F., Holloschi, A., Knoch, T. A., Auerswald, E. A., Welsh, K., and Reed, J. C. (2002). Lonomycin-activated calpain triggers apoptosis. A probable role for Bcl-2 family members. J Biol Chem. 277, 27217—27226.

[75] Goldsby, R. A., Kindt, T. J., Osborne, B. A., and Kuby, J. (2003). Immunology, 5th Ed., Ed. W. H. Freeman and Company, New York, USA.

[76] Goll, D. E., Thompson, V. F., Li, H. Q., Wei, W., and Cong, J. Y. (2003). The calpain system. Phys Rev . 83, 731—801.

[77] Gondret, J. F., and Lebret, B. (2002). Feeding intensity and dietary protein level affect adipocyte cellularity and lipogenic capacity of muscle homogenates in growing pigs, without modification of the expression of sterol regulatory element binding protein. J Anim Sci. 80, 3184—3193.

[78] Gray, H., and Carter, H. V. (2005). Gray's anatomy. 39th edition. Elsevier Churchill Livingstone, New York, USA. Section 1, Chapter 7.

[79] Green, D. R. (2005). Apoptotic pathways: Ten minutes to dead. Cell121, 671—674.

[80] Green, D. R., and Reed, J. C. (1998). Mitochondria and apoptosis. Science. 281, 1309—1312.

[81] Greenlee, A. R., Dodson, M. V., Yablonka-Reuveni, Z., Kersten, C. A., Cloud, J. G. (1995). In vitro differentiation of myoblasts from skeletal muscle of rainbow trout Oncorhynchus mykiss. J Fish Biol. 46, 731—747.

[82] Gross, A., Mcdonnell, J. M., and Korsmeyer, S. J. (1999). Bcl-2 family members and the mitochondria in apoptosis. Genes Dev. 13, 1899—1911.

[83] Grounds, M. D., Garrett, K. L., Lai, M. C., Wright, W. E., and Beilharz, M. W. (1992). Identification of skeletal muscle precursor cells in vivo by use of MyoD1 and myogenin probes. Cell Tissue Res267, 99—104.

[84] Gustafsson, A. B., and Gottlieb, R. A. (2003). Mechanisms of apoptosis in the heart. J Clin Immunol. 23, 447—459.

[85] Halevy, O., Piestun, Y., Allouh, M. Z., Rosser, B. W. C., Rinkevich, Y., Rashef, R., Rozenboim, I., Wleklinski-Lee, M., Yablonka-Reuveni, Z. (2004). Pattern of Pax 7 expression during myogenesis in the posthatch chicken establishes a model for satellite cell differentiation and renewal. Dev Dyn. 231, 489—502.

[86] Hawke, T. J., and Garry, D. J. (2001). Myogenic satellite cells: physiology to molecular biology. J Appl Physiol. 91, 534—551.

[87] Hayashi, M., Inomata, M., and Kawashima, S. (1996). Function of calpains: Possible involvement in myoblast fusion. Adv Exp Med Biol. 389, 149—154.

[88] Haydon, R. C., Zhou, L., Feng, T., Breyer, B., Cheng, H., Jiang, W., Ishikawa, A., Peabody, T., Montag, A., Simon, M. A., He, T. C. (2002). Nuclear receptor agonists as potential differentiation therapy agents for human osteosarcoma. Clin Cancer Res. 8, 1288—1294.

[89] Hengartner, M. O. (2000). The biochemistry of apoptosis. Nature. 407, 770—776.

[90] Holterman, C. E., and Rudnicki, M. A. (2005). Molecular regulation of satellite cell function. Semin Cell Dev Biol. 16, 575—584.

[91] Hopkins, D. L., and Thompson, J. M. (2002). The degradation of myofibrillar proteins in beef and lamb using denaturing electrophoresis - An overview. J Muscle Foods. 13, 81—102.

[92] Hu, E., Tontonoz, P., and Spiegelman, B. M. (1995). Transdifferentiation of myoblasts by the adipogenic transcription factors PPAR gamma and C/EBPα. Proc Natl Acad Sci. 92, 9856—9860.

[93] Hwang, I. H. (2004). Application of gel-based proteome analysis techniques to studying pros-mortem proteolysis in meat. Asian-Aust J Amnim Sci. 17, 1296—1302.

[94] Hwang, Y. H., Kim, G. D., Jeong, J. Y., Hur, S. J., and Joo, S. T. (2010). The relationship between muscle fiber characteristics and meat quality traits of highly marbled Hanwoo (Korean native cattle) steers. Meat Sci. 86, 456—461.

[95] Inomata, K. and Tanaka, H. (2003). Protective effect of benidipine against sodium azide-induced cell death in cultured neonatal rat cardi-

ac myocytes. J Pharmacol Sci. 93,163—170.

[96] Ishiyama,M. ,Tominaga,H. ,Shiga,M. ,Sasamoto,K. ,Ohkura,Y. ,Ueno,K. (1996). A combined assay of cell viability and in vitro cytotoxicity with a highly watersoluble tetrazolium salt,neutral red and crystal violet. Biol Pharmaceut Bull. 19,1518—1520.

[97] Itano,N. ,Atsumi,F. ,Sawai,T. ,Yamada,Y. ,Miyaishi,O. ,Senga,T. ,Hamguchi,M. ,Kimata,K. (2002). Abnormal accumulation of hyaluronan matrix diminishes contact inhibition of cell growth and promotes cell migration. Proc Nat Acad Sci USA99,3609—3614.

[98] Jäättelä,M. ,Wissing,D. ,Kokholm,K. ,Kallunki,T. ,and Egeblad,M. (1998). Hsp70 exerts its anit-apoptotic function downstream of caspase-3-like proteases. EMBO J. 17,6124—6134.

[99] Jackson,K. A. ,Mi,T. ,and Goodeli,M. A. (1999). Hematopoietic potential of stem cells isolated from murine skeletal muscle. Proc Nat Acad Sci USA. 96,14482—14486.

[100] Jiang,X. ,and Wang,X. (2000). Cytochrome c promotes caspase-9 activation by inducing nucleotide binding to Apaf-1. J Biol Chem. 275,31199—31203.

[101] Johnson,B. J. ,Halstead,N. ,White,M. E. ,Hathaway,M. R. ,DiCostanzo,A. ,Dayton,W. R. (1998). Activation state of muscle satellite cells isolated from steers implanted with a combined trenbolone acetate and estradiol implant. J Anim Sci. 76,2779—2786.

[102] Kadi,F. ,and Thornell,L. E. (2000). Concomitant increases in myonuclear and satellite cell content in female trapezius muscle following strength training. Histochem Cell Biol. 113,99—103.

[103] Kamanga-Sollo,E. ,White,M. E. ,Hathaway,M. R. ,Chung,K. Y. ,Johnson,B. J. ,Dayton,W. R. (2008). Roles of IGF-I and the estrogen,androgen and IGF-I receptors in estradiol-17β- and trenbolone acetate-stimulated proliferation of cultured bovine satellite cells. Domest Anim Endocrinol. 35,88—97.

[104] Katz,F. R. S. (1961). The termination of the afferent nerve fiber in the muscle spindle of the frog. Philos Trans R Soc Lond B Biol Sci. 243,221—225.

[105] Kemp,C. M. ,Bardsley,R. G. ,and Parr T. (2006). Changes in caspase activity during the postmortem conditioning period and its

relationship to shear force in porcine longissimus muscle. J Anim Sci . 84,2841—2846.

[106] Kemp, C. M. , King, D. A. , Shackelford, S. D. , Wheeler, T. L. , and Koohmaraie M. (2009). The caspase proteolytic system in callipyge and normal lambs in longissimus, semimembranosus, and infraspinatus muscles during postmortem storage. J of Anim Sci. 87, 2943—2951.

[107] Kemp, C. M. , Sensky, P. L. , Bardsley, R. G. , Buttery, P. J. , and Parr, T. (2010). Tenderness-An enzymatic view. Meat Sci. 84, 248—256.

[108] Kidd, V. J. , Lahti, J. M. , and Teitz, T. (2000). Proteolytic regulation of apoptosis. Cell Dev Biol. 11, 191—201.

[109] Kim, M. J. , Jo, D. G. , Hong, G. S. , Kim, B. J. , Lai, M. , and Cho, D. H. (2002). Calpain-dependent cleavage of cain/cabin1 activates calcineurin to mediate calcium-triggered cell death. Proc Natl Acad Sci USA . 99, 9870—9875.

[110] Kim, Y. , Puangsumalee, P. , Barrett, D. , Haseltine, C. , and Warr, S. (2009). Korean beef market: developments and prospects, ABARE research report 09. 11, Canberra, May.

[111] Kischkel, F. C. , Hellbardt, S. , Behrmann, I. , Germer, M. , Pawlita, M. , Krammer, P. H. , Peter M. E. (1995). Cytotoxicity-dependent APO-1 (Fas/CD95)-associated proteins form a death-inducing signaling complex (DISC) with the receptor. EMBO J. 14, 5579—5588.

[112] Koohmaraie, M. (1996). Biochemical factors regulating the toughening and tenderization processes of meat. Meat Sci. 43 (Suppl.), S193—S201.

[113] Koohmaraie, M. , and Geesink, G. H. (2006). Contribution of postmortem muscle biochemistry to the delivery of consistent meat quality with particular focus on the calpain system. Meat Sci. 74, 34—43.

[114] Kook, S. H. , Choi, K. C. , Son, Y. O. , Lee, K. Y. , Hwang, I. H. , Lee, H. J. , Chang, J. S. , Choi, I. H. , and Lee, J. C. (2006). Satellite cells isolated from adult Hanwoo muscle can proliferate and differentiate into myoblasts and adipose-like cells. Mol Cells. 22,

239—245.

[115] Kositprapa, C., Zhang, B. C., Berger, S., Canty, Jr., J. M., and Lee, T. C. (2000). Calpain-mediated proteolytic cleavage of troponin I induced by hypoxia or metabolic inhibition in cultured neonatal cardiomyocytes. Mol Cell Biochem. 214, 47—55.

[116] Kressel, M., and Groscurth, P. (1994). Distinction of apoptotic and necrotic cell death by in situ labelling of fragmented DNA. Cell Tissue Res. 278, 549—556.

[117] Kroemer, G., and Martin, S. J. (2005). Caspase-independent cell death. Nat Med. 11, 725—730.

[118] Kwak, K. B., Chung, S. S., Kim, O. M., Kang, M. S., Ha, D. B., and Chung, C. H. (1993). Increase in the level of m-calpain correlates with the elevated cleavage of filamin during myogenic differentiation of embryonic muscle cells. Biochim Biophys Acta. 1175 (3), 243—249.

[119] Laemmli, U. K. (1970). Cleavage of structural proteins during the assembly of the head of bacteriophage T4. Nature 227, 680.

[120] Le Grand F., and Rudnicki, M. A. (2007). Skeletal muscle satellite cells and adult myogenesis. Curr Opin Cell Biol 19, 628—633.

[121] Leeuwenburgh, C. (2003). Role of apoptosis in sarcopenia. J Gerontol A Biol Sci Med Sci . 58, 999—1001.

[122] Lengerken, G., Wicke, M., and Maak, S., (1997). Stress susceptibility and meat quality-situation and prospects in animal breeding and research. Arch Anim Breed. 40(Suppl.), 163—171.

[123] Li, C. Y., Lee, J. S., Ko, Y. G., Kim, J. I., and Seo, J. S. (2000). Heat shock protein 70 inhibits apoptosis downstream of cytochrome c release and upstream of caspase-3 activation. J Biol Chem. 275, 25665—25671.

[124] Li, P., Nijhawan, D., Budihardjo, I., Srinivasula, S. M., Ahmad, M., Alnemri, E. S., Wang, X. (1997). Cytochrome c and dATP-dependent formation of Apaf-1/caspase-9 complex initiates an apoptotic protease cascade. Cell . 91, 479—489.

[125] Liu, C., Gersch, R. P., Hawke, T. J., Hadjiargyrou, M. (2010). Silencing of Mustn1 inhibits myogenic fusion and differentiation. Am J Physiol Cell Physiol. 298(5), C1100—1108.

[126] Liu, L. , Xing, D. , and Chen, W. R. (2009). μ-Calpain regulates caspase-dependent and apoptosis inducing factor-mediated caspase-independent apoptotic pathways in cisplatin-induced apoptosis. Int J Cancer. 125,2757—2766.

[127] Lucarelli, E. , Sangiorgi, L. , Maini, V. , Lattanzi, G. , Marmiroli, S. , Reggiani, M. , Mordenti, M. , Gobbi, G. A. , Scrimieri, F. , Bertoja, A. Z. , Picci, P. (2002). Troglitazione affects survival of human osteosarcoma cells. Int J Cancer. 98,344—351.

[128] Magenta, G. , Borenstein, X. , Rolando, R. , Jasnis, M. A. (2008). Rosiglitazone inhibits metastasis development of a murine mammary tumor cell line LMM3. BMC Cancer. 8,47.

[129] Martin, S. J. , Reutelingsperger, C. P. , Mcgahon, A. J. , Rader, J. A. , Vanschie, R. C. , Laface, D. M. , and Green, D. R. (1995). Early redistribution of plasma phosphatidylserine is a general feature of apoptosis regardless of the initiating stimulus: Inhibition by overexpression of Bcl-2 and. Abl. J Exp Med . 182,1545—1556.

[130] Masubuchi, Y. (2006). Metabolic and non-metabolic factors determining troglitazone hepatotoxicity: a review. Drug Metab Pharmacokinet. 21,347—356.

[131] Mauro, A. (1961). Satellite cell of skeletal muscle fibers. J Biophy Biochem Cytol. 9,493—498.

[132] McCarthy, J. J. , and Esser, K. A. (2007). Counterpoint: Satellite cell addition is not obligatory for skeletal muscle hypertrophy. J Appl Physiol. 103,1100—1102.

[133] McNeish, I. A. , Bell, S. , McKay, T. , Tenev, T. , Marani, M. , and Lemoine, N. R. (2003). Expression of Smac/DIABLO in ovarian carcinoma cells induces apoptosis via a caspase-9-mediated pathway. Exp Cell Res. 286,186—198.

[134] McKinnell, I. W. , Parise, G. , and Rudnicki, M. A. (2005). Muscle stem cells and regenerative myogenesis. Curr Top Dev Biol. 71, 113—130.

[135] Medema, J. P. , Scaffidi, C. , Kischkel, F. C. , Shevchenko, A. , Peter, M. E. (1997). FLICE is activated by association with the CD95 death-inducing signaling complex (DISC). EMBO J. 16, 2794—2804.

[136] Mendez, C. H. H., Becila, S., Boudjelal, A., and Ouali, A. (2006). Meat ageing: Reconsideration of the current concept. Trends Food Sci Technol. 17, 394—405.

[137] Mikami, M., Whiting, A. H., Taylor, M. A. J., Maciewicz, R. A., and Etherington, D. J. (1987). Degradation of myofibrils from rabbit, chicken and beef by cathepsin l and lysosomal lysates. Meat Sci. 21, 81—97.

[138] Mitchell, P. O., and Pavlath, G. K. (2004). Skeletal muscle atrophy leads to loss and dysfunction of muscle precursor cells. Am J Physiol Cell Physiol . 287, C1753—C1762.

[139] Molnar, G. R., and Dodson, M, V. (1993). Satellite cells isolated from sheep skeletal muscle are heterogeneous. Basic Appl Myol. 3, 173—180.

[140] Morgan, J. E., and Partridge, T. A. (2003). Muscle satellite cells. Int J Biochem Cell Biol. 35, 1151—1156.

[141] Mosmann, T. (1983). Rapid colorimetric assay for cellular growth and survival: application to proliferation and cytotoxicity assays. Immunol Meth. 65, 55—63.

[142] Moss, F. P., and Leblond, C. P. (1970). Satellite cells as the source of nuclei in muscles of growing rats. Anat Rec. 170, 421—435.

[143] Mosser, D. D., Caron, A. W., Bourget, L., Denis-Larose, C., and Massie, B. (1997). Role of human heat shock protein hsp70 in protection against stress-induced apoptosis. Mol Cell Biol . 17, 5317—5327.

[144] Moyen, C., Goudenege, S., Poussard, S., Sassi, A. H., Brustis, J. J., Cottin, P. (2004). Involvement of micro-calpain (CAPN 1) in muscle cell differentiation. Int J Biochem Cell Biol. 36 (4), 728—743.

[145] Mozdziak, P. E., Schultz, E., and Cassens, R. G. (1997). Moynuclear accretion is a major determinant of avian skeletal muscle growth. Am J Physiol. 272, C565—571.

[146] Muller-Ehmsen, J., Kedes, L. H. H., Schwinger, R. H., and Kloner, R. A. (2002). Cellular cardiomyoplasty- a novel approach to treat heart disease. Congest Heart Fail. 220—227.

[147] Musaro, A., McCullaga, K. J., Naya, F. J., Olson, E. N., and

Rosenthal, N. (1999). IGF-1 induces skeletal myocyte hypertrophy through calcineurin in association with GATA-2 and NF-TAcl. Nature . 400, 581－585.

[148] Nagata, S. (1999). Fas ligand-induced apoptosis. Annu Rev Genet. 33, 29－55.

[149] Nakagawa, T. , and Yuan, J. (2000). Cross-talk between two cysteine protease families. Activation of caspase-12 by calpain in apoptosis. J Cell Biol. 150, 887－894.

[150] Nelson, D. L. , and Cox, M. M. (2002). Lehninger Principles of Biochemistry, 3rd Ed. W. H. Freeman, New York.

[151] Nicholson, D. W. (1999). Caspase structure, proteolytic substrates, and function during apoptotic cell death. Cell Death Differ. 6, 1028－1042.

[152] Nishimura, M. , Mikura, M. , Hirasaka, K. , Okumura, Y. , Nikawa, T. , Kawano, Y. , Nakayama, M. , Ikeda, M. (2008). Effects of dimethyl sulphoxide and dexamethasone on mRNA expression of myogenesis- and muscle proteolytic system-related genes in mouse myoblastic C2C12 cells. J Biochem. 144(6), 717－724.

[153] Norberg, E. , Gogvadze, V. , Ott, M. , Horn, M. , Uhlen, P. , Orrenius, S. , Zhivotovsky, B. (2008). An increase in intracellular Ca (21) is required for the activation of mitochondrial calpain to release AIF during cell death. Cell Death Differ. 15, 1857－1864.

[154] Nylandsted, J. , Rohde, M. , Brand, K. , Bastholm, L. , Elling, F. , and Jaattela, M. (2000). Selective depletion of heat shock protein 70 (Hsp70) activates a tumor-specific death program that is independent of caspases and bypasses Bcl-2. Proc Natl Acad Sci USA . 97, 7881－7876.

[155] O'Connor, R. S. , and Pavlath, G. K. (2007). Point: Counterpoint: Satellite cell addition is/is not obligatory for skeletal muscle hypertrophy. J Appl Physiol. 103, 1099－1100.

[156] Offer, G. , and Knight, P. (1988). The structural basis of water-holding in meat. 1. General principles and water uptake in meat processing. Meat Sci. 4, 163－171.

[157] O'Halloran, G. R. , Troy, D. J. , Buckley, D. J. , and Reville, W. J. (1997). The role of endogenous proteases in the tenderisation of

fast glycolysing muscle. Meat Sci . 47,187—210.

[158] Ohata, H. , Trollinger, D. R. , and Lemasters, J. J. (1994). Changes in shape and viability of cultured adult rabbit cardiac myocytes during ischemia/reperfusion injury. Res Comm Mol Pathol Pharmacol. 86,259—271.

[159] Ouali, A. , Herrera-Mendez, C. H. , Coulis, G. , Beclia, S. , Boudjellal, A. , Aubry, L. , and Angel, M. A. (2006). Revisiting the conversion of muscle into meat and the underlying mechanisms. Meat Sci. 74,44—58.

[160] Pandey, P. , Saleh, A. , Nakazawa, A. , Kumar, S. , Srinivasula, S. M. , Kumar, V. , Weichselbaum, R. , Nalin, C. , Alnemri, E. S. , Kufe, D. , and Kharbanda, S. (2000). Negative regulation of cytochrome c-mediated oligomerization of Apaf-1 and activation of procaspase-9 by heat shock protein 90. EMBO J. 19,4310—4322.

[161] Park, K. M. , Pramod, A. B. , Kim, J. H. , Choe, H. S. , and Hwang, I. H. (2010). Molecular and biological factors affecting skeletal muscle cells after slaughtering and their impact on meat quality: a mini review. J Muscle Foods . 21, 280—307.

[162] Parr, T. , Sensky, P. L. , Bardsley, R. G. , and Buttery, P. J. (2001). Calpastatin expression in porcine cardiac and skeletal muscle and partial gene structure. Arch Biochem Biophys. 395,1—13.

[163] Parr, T. , Sensky, P. L. , Scothern, G. P. , Bardsley, R. G. , Buttery, P. J. , Wood, J. D. , and Warkup, C. (1999). Relationship between skeletal muscle-specific calpain and tenderness of conditioned porcine longissimus muscle. J Anim Sci . 77,661—668.

[164] Peter, M. E. , and Krammer, P. H. (2003). The CD95(APO-1/Fas) DISC and beyond. Cell Death Differ. 10,26—35.

[165] Pfaffl, M. W. (2001). A new mathematical model for relative quantification in real-time RT-PCR. Nucleic Acids Res. 29, e45.

[166] Piñeiro, D. , Martín, M. E. , Guerra, N. , Salinas, M. , and González, V. M. (2007). Calpain inhibition stimulates caspase-dependent apoptosis induced by taxol in NIH3T3 cells. Exp Cell Res. 313, 369—379.

[167] Polster, B. M. , Basanez, G. , Etxebarria, A. , Hardwick, J. M. , and Nicholls, D. G. (2005). Calpain I induces cleavage and release of ap-

optosis-inducing factor from isolated mitochondria. J Biol Chem. 280,6447—6454.

[168] Poussarda, S., Cottin, P., Brustisa, J. J., Talmata, S., Elamrania, N., and Ducastainga, A. (1993). Quantitative measurement of calpain I and Ⅱ mRNAs in differentiating rat muscle cells using a competitive polymerase chain reaction method. Biochimie. 75, 885—890.

[169] Rami, A. (2003). Ischemic neuronal death in the rat hippocampus: the calpain calpastatin-caspase hypothesis. Neurobiol Dis13,75—88.

[170] Raynaud, F., and Marcilhac, A. (2006). Implication of calpain in neuronal apoptosis. A possible regulation of Alzeheimer's disease. FEBS J. 273,3437—3443.

[171] Raynaud, P., Giliard, M., Parr, T., Bardsley, R., Amarger, V., and Leveziel, H. (2005). Correlation between bovine calpastatin mRNA transcripts and protein isoforms. Arch Biochem Biophy. 440, 46—53.

[172] Relaix, F., Montarras, D., Zaffran, S., Gayraud-Morel, B., Rocancourt, D., Tajbakhsh, S., Mansouri, A., Cumano, A., and Buckingham, M. (2006). Pax3 and Pax7 have distinct and overlapping functions in adult muscle progenitor cells. J Cell Biol. 172,92—102.

[173] Relaix, F., Rocancourt, D., Mansouri, A., and Buckingham, M. (2005). A Pax3/Pax7-dependent population of skeletal muscle progenitor cells. Nature. 435,948—953.

[174] Remignon, H., Gardahaut, M. F., Marche, G., and Ricard, F. H. (1995). Selection for rapid growth increases the number and size of muscle fibres without changing their typing in chickens. J Mus Res Cell Mot. 16,95—102.

[175] Rhoads, R. P., Fernyhough, M. E., Liu, X., McFarland, D. C., Velleman, S. G., Hausman, G. J., Dodson, M. V. (2009). Extrinsic regulation of domestic animal-derived myogenic satellite cells Ⅱ. Domest Anim Endocrinol. 36,111—126.

[176] Rodriguez, J., and Laebnik, Y. (1999). Caspase-9 and Apaf-1 form an active holoenzyme. Gene Dev. 13,3179—3184.

[177] Rosenblatt, J. D., Yong, D., and Perry, D. J. (1994). Satellite cell activity is required for hypertrophy of overloaded adult rat muscle.

Muscle Nerve. 17,608—613.

[178] Rossi,D. ,and Gaidano,G. (2003). Messengers of cell death: apoptotic signaling in health and disease. Haematologica 88,212—218.

[179] Sandri, M. (2002). Apoptotic signalling in skeletal muscle fibers during atrophy. Curr Opin Clin Nutr Metab Care. 5,249—253.

[180] Sandri, M. , Meslemani, A. H. , Sandri, C. , Schjerling, P. , Vissing, K. , Andersen, J. L. , Rossini, K. , Carraro, U. , and Angelini, C. (2001). Caspase 3 expression correlates with skeletal muscle apoptosis in Duchenne and facioscapulo human muscular dystrophy. A potential target for pharmacological treatment? J Neuropathol Exp Neurol. 60,302—312.

[181] Sakahira, H. , Enari, M. , and Nagata, S. (1998). Cleavage of CAD activation and DNA degradation during apoptosis. Nature. 391,96—99.

[182] Saleh,A. ,Srinivasula,S. M. ,Acharya,S. ,Fishel,R. ,and Alnemri, E. S. (1999). Cytochrome c and dATP-mediated oligomerization of Apaf-1 is a prerequistite for procaspase-9 activation. J Biol Chem. . 274,17941—17945.

[183] Schamberger,C. J. ,Gerner,C. ,Cerni,C. (2005). Caspase-9 plays a marginal role in serum starvation-induced apoptosis. Exp Cell Res. 302,115—128.

[184] Schollmeyer,J. (1981). Possible role of calpain I and calpain Ⅱ in differentiating muscle. Exp Cell Res . 163,413—422.

[185] Schultz,E. ,Jaryszak,D. L. ,and Valliere,C. R. (1985). Response of satellite cells to focal skeletal muscle injury. Muscle Nerve. 8,217—222.

[186] Scoltock,A. B. ,and Cidlowski,J. A. (2004). Activation of intrinsic and extrinsic pathways in apoptotic signaling during UV-C-induced death of Jurkat cells: the role of caspase inhibition. Exp Cell Res. 297,212—223.

[187] Seale, P. , Sabourin, L. A. , Girgis-Gabardo, A. , Mansouri, A. , Gruss,P. ,Rudnicki,M. A. (2000). Pax7 is required for the specification of myogenic satellite cells. Cell. 102,777—786.

[188] Sentandreu,M. A. ,Coulis,G. ,and Ouali,A. (2002). Role of muscle endopeptidases and their inhibitors in meat tenderness. Trends Food

Sci Technol. 13,400—421.

[189] Shefer,G. ,Van de Mark,D. P. ,Richardson,J. B. ,Yablonka-Reuveni,Z. (2006). Satellite-cell pool size does matter: defining the myogenic potency of aging skeletal muscle. Dev Biol. 294,50—66.

[190] Shefer, G. , Wleklinski-Lee, M. , and Yablonka-Reuveni, Zipora. (2004). Skeletal muscle satellite cells can spontaneously enter an alternative mesenchymal pathway. J Cell Sci. 117,5393—5404.

[191] Shefer,G. ,and Yablonko-Reuveni,Z. (2005). Isolation and culture of skeletal muscle myofibres as a means to analyze satellite cells. Methods Mol Biol. 290,281—304.

[192] Shi,Y. (2002). Mechanisms of caspase activation and inhibition during apoptosis. Mol Cell. 9,459—470.

[193] Shi,Y. G. (2001). A structural view of mitochondria-mediated apoptosis. Nature Struct Biol. 8,394—401.

[194] Singh,N. K. ,Chae,H. S. ,Hwang,I. H. ,Yoo,Y. M. ,Ahn,C. N. , Lee,S. H. ,Lee,H. J. ,Park,H. J. ,and Chung,H. Y. (2007). Transdifferentiation of porcine satellite cells to adipoblasts with ciglitizone. J Anim Sci . 85,1126—1135.

[195] Singh,N. K. ,Lee,H. J. ,Jeong,D. K. ,Arun,H. S. ,Sharma,L. ,and Hwang,I. H. (2009). Myogenic satellite cells and its application in animal- a review. Asian-Aust J Anim Sci. 22,1447—1460.

[196] Sinha-Hikim, I. , Roth, S. M. , Lee, M. I. , and Bhasin, S. (2003). Testosterone-induced muscle hypertrophy is associated with an increase in satellite cell number in healthy, young men. Am J Physiol Endocrinol Metab. 285,E197-E205.

[197] Slee,E. A. ,Keogh,S. A. ,Martin,S. J. (2000). Cleavage of BID during cytotoxic drug and UV radiation-induced apoptosis occurs downstream of the point of Bcl-2 action and is catalysed by caspase-3: a potential feedback loop for amplification of apoptosis-associated mitochondrial cytochrome c release. Cell Death Differ. 7,556—565.

[198] Solary, E. , and Dubrez-Daloz, L. (2002). Specific involvement of caspases in the differentiation of monocytes into macrophages. Blood. 100,4446—4453.

[199] Sordet, O. , Rebe, C. , Plenchette, S. , Zermati, Y. , Hermine, O. , Vainchenker, W. , Garrido, C. , Sun, X. M. , MacFarlane, M. ,

Zhuang, J., Wolf, B. B., Green, D. R., and Cohen, G. M. (1999). Distinct caspase cascades are initiated in receptor-mediated and chemical-induced apoptosis. J Biol Chem. 274, 5053—5060.

[200] Spencer, M. J., Croall, D. E., and Tidball, J. G. (1995). Calpains are activated in necrotic fibers from mdx dystrophic mice. J Biol Chem. 270(18), 10909—10914.

[201] Spencer, M. J., and Tidball, J. G. (1996). Calpain translocation during muscle fiber necrosis and regeneration in dystrophindeficient mice. Exp Cell Res. 226(2), 264—272.

[202] Squier, M. K., Miller, A. C., Malkinson, A. M., and Cohen, J. J. (1994). Calpain activation in apoptosis. J Cell Physi. 159, 229—237.

[203] Stockdale, F. E., and Holtzer, H. (1961). DNA synthesis and myogenesis. Exp Cell Res. 24, 508—520.

[204] Strasser, A., O'Connor, L., Dixit, V. M. (2000). Apoptosis signaling. Annu Rev Biochem. 69, 217—245.

[205] Suzuki, K., Hata, S., Kawabata, Y., Sorimachi, H. (2004). Structure, activation, and biology of calpain. Diabetes. 53 (Suppl 1), S12—18.

[206] Takuma, K., Mori, K., Lee, E., Enomoto, R., Baba, A., and Matsuda, T. (2002). Heat shock inhibits hydrogen peroxide-induced apoptosis in cultured astrocytes. Brain Res. 946, 232—238.

[207] Tamaki, T., Aksatuka, A., Ando, K., Nakamura, Y., Matsuzawa, H., Hotta, T., Roy, R. R., and Edgerton, V. R. (2002a). Identification of myogenic-endothelial progenitor cells in the interstitial spaces of skeletal muslcle. J Cell Biol. 157, 571—577.

[208] Tamaki, T., Aksatuka, A., Yoshimura, S., Roy, R. R., and Edgerton, V. (2002b). New fibre formation in the interstitial spaces of rat skeletal muscle during postnatal growth. J Histochem Cytochem. 50, 1097—1111.

[209] Tamaki, T., Aksatuka, A., Okada, Y., Mastuzaki, Y., Okano, H., and Kimura, M. (2003). Growth and differential potential of main- and side population cells derived from murine skeletal muscle. Exp Cell Res. 291, 83—90.

[210] Taylor-Jones, J. M., McGehee, R. E., Rando, T. A., Lecka-Czernik, B., Lipschitz, D. A., Peterson, C. A. (2002). Activation of an adipo-

genic program in adult myoblasts with age. Mech Ageing Dev. 123, 649—661.

[211] Temm-Grove, C. J., Wert, D., Thompson, V. F., Allen, R. E., and Goll, D. E. (1999). Microinjection of calpastatin inhibits fusion in myoblasts. Exp Cell Res. 247, 293—303.

[212] Theil, P. K., Sørensen, I. L., Therkildsen, M., and Oksbjerg, N. (2006). Changes in proteolytic enzyme mRNAs relevant for meat quality during myogenesis of primary porcine satellite cells. Meat Sci. 73, 335—343.

[213] Thowfeequ, S., Myatt, E. J., and Tosh, D. (2007). Transdifferentiation in developmental biology, disease, and in therapy. Dev Dyn. 236, 3208—3217.

[214] Tosh, D., and Slock, J. M. M. (2002). How cells chang their phenotype. Nat Rev Mol Cell Biol. 3, 187—194.

[215] Totland, G. K., Kryvi, H., and Slinde, E. (1988). Composition of muscle fiber types and connective tissue in bovine M. semitendinosus and its relation to tenderness. Meat Sci. 23, 303—315.

[216] Van Barneveld, R. J. (2003). Modern pork production-Balancing efficient growth and feed conversion with product quality requirements and consumer demands. Asia Pac J Clin Nutr. 12 (Suppl.), S31.

[217] Vansant, G., Pezzoli, P., Saiz, R., Birch, A., Duffy, C., Ferre, F., Monforte, J. (2006). Troglitazone reveals its impact on multiple pathways in cell culture: a case for in vitro platforms combined with gene expression analysis for early (idiosyncratic) toxicity screening. Int J Toxicol. 25, 285—294.

[218] Vaisid, T., Kosower, N. S., Barnoy, S. (2005). Caspase-1 activity is required for neuronal differentiation of PC12 cells: cross-talk between the caspase and calpain systems. Biochem Biophys Acta-Mol Cell Res. 1743, 223—230.

[219] Vertino, A. M., Taylor-Jones, J. M., Longo, K. A., Bearden, E. D., Lane, T. F., McGehee, R. E. J., MacDougald, O. A., and Peterson, C. A. (2005). Wnt10b deficiency promotes coexpression of myogenic and adipogenic programs in myoblasts. Mol Biol Cell. 16, 2039—2048.

[220] Vignon, X. , Beaulaton, J. , and Ouali, A. (1989). Ultrastructural localization of calcium in post-mortem bovine muscle: A cytochemical and X-ray microanalytical study. Histochem J. 21, 403—411.

[221] Voss, O. H. , Batra, S. , Kollattukudy, S. J. , Gonzalez-Mejja, M. E. , Smith, J. B. and Doseff, A. I. (2007). Binding of caspase-3 prodomain to heat shock protein 27 regulates monocyte apoptosis by inhibiting caspase-3 proteolytic activation. J Biol Chem . 282, 25088—25099.

[222] Wada, M. R. , Inagawa-Ogashiwa, M. , Shimizu, S. , Yasumoto, S. , and Hashimoto, N. (2002). Generation of different fates from multipotent muscle stem cells. Development. 129, 2987—2995.

[223] Wang, K. K. W. (2000). Calpain and caspase: can you tell the difference? Trends Neurosci. 23, 20—26.

[224] Wang, S. J. , Omori, N. , Li, F. , Jin, G. , Zhang, W. R. , Hamakawa, Y. , Sato, K. , Nagano, I. , Shoji, M. , Abe, K. (2002). Potentiation of Akt and suppression of caspase-9 activations by electroacupuncture after transient middle cerebral artery occlusion in rats. Neurosci Lett. 331(2), 115—118.

[225] Wang, X. (2001). The expanding role of mitochondria in apoptosis. Genes Dev15, 2922—2933.

[226] Welch, W. J. (1992). Mammalian stressre sponse: Cell physiology, structure/function of stress proteins, and implications for medicine and disease. Physiol Rev. 72, 1063—1081.

[227] Wendt, A. , Thompson, V. F. , and Goll, D. E. (2004). Interaction of calpastatin with calpain: A review. Biol Chem. 385, 465—472.

[228] Whipple, G. , Koohmaraie, M. , Dikeman, M. E. , Crouse, J. D. , Hunt, M. C. , and Klemm, R. D. (1990). Evaluation of attributes that affectlongissimus muscle tenderness in Bos taurus and Bos indicus cattle. J of Anim Sci . 68, 2716—2728.

[229] Wicke, M. , Lengerken, G. , Fiedler, I. , Altman, M. , and Ender, K. (1991). Influence of selection based on muscle structure characteristics of the M. Longissimus on stress sensitivity and meat quality in the pig. Fleischwirtschaft. 71, 437—442.

[230] Wozniak, A. C. , Kong, J. , Bock, E. , Pilipowicz, O. , Anderson, J. E. (2005). Signaling satellite-cell activation in skeletal muscle: markers, models, stretch, and potential alternate pathways. Muscle

Nerve. 31,283－300.

[231] Wu,M. , Yu,Zh. ,Fan,J. ,Caron,A. , Whiteway,M. ,and Shen,S. H. (2006). Functional dissection of human protease μ-calpain in cell migration using RNAi. FEBS Lett. 580,3246－3256.

[232] Wyllie,A. H. ,Kerr,J. F. ,and Currie,A. R. (1980). Cell death: The significance of apoptosis. Int Rev Cytol .68,251－306.

[233] Yablonka-Reuveni, Z. ,and Rivera, A. J. (1994). Temporal expression of regulatory and structural muscle proteins during myogenesis of satellite cells on isolated adult rat fibers. Dev Biol. 164, 588－603.

[234] Yablonka-Reuveni, Z. , Seger, R. , and Rivera,A. J. (1999). Fibroblast growth factor promotes recruitment of skeletal muscle satellite cells in young and old rats. J Histochem Cytochem. 47,23－42.

[235] Yada,E. ,Yamanouchi,K. ,Nishihara,M. (2006). Adipogenic potential of satellite cells from distinct skeletal muscle origins in the rat. J Vet Med Sci. 68,479－486.

[236] Yeow,K. ,Phillips,B. ,Dani,C. ,Cabane,C. ,Amri,E. Z. ,Dérijard, B. (2001). Inhibition of myogenesis enables adipogenic transdifferentiation in the C2C12 myogenic cell line. FEBS Lett. 506, 157－162.

[237] Zammit, P. S. ,and Beauchamp,J. R. (2001). The skeletal muscle satellite cell: stem cell or son of stem cell? Differentiation. 68, 193－204.

[238] Zammit,P. S. ,Golding,J. P. ,Nagata,Y. ,Hudon,V. ,Partridge,T. A. ,Beauchamp,J. R. (2004). Muscle satellite cells adopt divergent fates: a mechanism for self-renewal? J Cell Biol. 166,347－357.

[239] Zammit,P. S. ,Partridge,T. A. ,and Yablonka-Reuveni,Z. (2006). The skeletal muscle satellite cell: the stem cell that came in from the cold. J Histochem Cytochem. 54,1177－1191.

[240] Zou,H. ,Li,Y. ,Liu,X. ,and Wang,X. (1999). An APAF-1-cytochrome c multimeric complex is a functional apoptosome that activates procaspase-9. J Biol Chem. 274,11549－11556.

第二篇

CAPN1 基因和 CASP9 基因在牛骨骼肌形成中的功能作用研究

牛肉的品质特性受到肌纤维类型和直径等特征的影响，而肌纤维直径的增大和肌纤维的类型转化等是随着畜禽生长发育的进行在不断变化，此生物学过程是受到骨骼肌卫星细胞的发育调控。研究发现，钙蛋白酶Ⅰ(CAPN1)基因和凋亡相关基因 caspase-9(CASP9)是与骨骼肌生长发育密切相关的两个重要基因。以牛骨骼肌卫星细胞为研究对象，并选取与骨骼肌生长发育相关的候选基因来研究肉品质，正成为肉品质研究的新方向，将会有效促进肉品质的改善。

(1)本研究采用 0.1%的Ⅰ型胶原酶和 0.25%的胰蛋白酶联合使用的两步酶消化法成功分离并提取出牛原代骨骼肌卫星细胞。并在体外成功培养了骨骼肌卫星细胞，通过绘制细胞生长曲线发现细胞生长状态较好，也成功对其进行纯化、冷冻保存与复苏以及相应的诱导分化，细胞在传代至第 3～4 代时纯度高，且传代培养后和细胞复苏后的细胞生物学特性稳定。

(2)本研究通过免疫细胞化学染色技术成功鉴定了牛骨骼肌卫星细胞，牛骨骼肌卫星细胞表面标志均呈阳性表达，符合其标志物的表达特性。通过反转录 PCR 检测技术，根据凝胶电泳结果显示其亮度情况，表明经过传代培养后，牛骨骼肌卫星细胞在体外扩增培养仍能具有骨骼肌卫星细胞的特性。

(3)本研究发现钙蛋白酶系统成员 CAPN1 和 CAPN3 以及半胱天冬酶系统成员 CASP3、CASP7 和 CASP9 均能够在牛骨骼肌卫星细胞中表达，随着牛骨骼肌卫星细胞的增殖分化，它们的表达量均处于变化中，这就表明 CAPN1 基因和 CASP9 基因均在肌生成的进程中扮演着不可或缺的角色。同时，我们发现 CAPN1 基因和 CASP9 基因在骨骼肌卫星细胞中的表达量情况与其在骨骼肌肌肉组织的表达量情况无相关性，所以，我们认为骨骼肌卫星细胞生长发育的进程与宰后肌肉组织嫩化的进程不相关，并且这些基因的表达量变化并不能反映它们在肌肉组织中的变化情况。

(4)本研究通过组织切片技术对不同年龄段的鲁西黄牛的肌纤维直径进行测定分析，研究结果表明随着鲁西黄牛年龄的增长，其肌纤维直径也在显著增长。同时采用实时荧光定量 PCR 技术对不同年龄段的鲁西黄牛的背最长肌中 CAPN1 和 CASP9 的 mRNA 表达情况进行分析，并将其与肌纤维直径进行相关性分析，研究结果表明 CAPN1 基因 mRNA 的表达与肌纤维直径存在显著负相关，而 CASP9 基因 mRNA 的表达与肌纤维直径呈正相关，但不显著。

本研究建立起牛骨骼肌卫星细胞分离和纯化的方法，建立起牛骨骼肌卫星细胞的体外扩增培养体系。获取了 CAPN1 基因和 CASP9 基因在牛肌肉生长发育过程中 mRNA 的表达规律及变化趋势，并获得了 CAPN1 基因和 CASP9 基因 mRNA 的表达与肌纤维直径间的关系，在理论上为阐明牛骨骼肌生长发育的分子机理和相关候选基因的网络调控机制提供重要的数据支撑。

第 7 章　文献综述

7.1　骨骼肌卫星细胞

7.1.1　骨骼肌卫星细胞简介

Mauro 等科研工作者们在 1961 年借助于电子显微镜在青蛙的胫前肌肉组织中第一次发现了骨骼肌卫星细胞的存在(Mauro, 1961)。骨骼肌卫星细胞在肌肉组织的增殖生长发育的一系列复杂进程里具有两个极其重要的身份特征:其中之一是在动物有机体出生后的早期机体生长发育过程中给肌纤维供给新的肌核,以此来满足其生长发育的需求;第二个特征是能够在动物有机体内,在生长发育进程中维系肌纤维的肥大增粗和肌纤维在受到损害时的自身修复以及更新过程(Syverud et al., 2014)。

随着生物学技术的飞速发展,针对骨骼肌卫星细胞的分离提取与体外培养方法,以及骨骼肌卫星细胞的鉴定技术都在不断地改进和完善。如从胶原酶和胰酶联用的两步酶消化法(李方华等,2010),再到单根肌纤维的骨骼肌卫星细胞分离法(刘月光 等,2011)等,现如今科研人员们对骨骼肌卫星细胞的各种特性和多种功能作用的探究变得更加深入。骨骼肌卫星细胞能够通过细胞增殖、分化和迁移,最终汇合进已存在的肌纤维中,从而进一步地促进肌纤维的肥大增粗,以此来促使肌肉组织的生长发育(Huff-Lonergan et al., 2005)。

骨骼肌卫星细胞是肌源性干细胞,它具有先增殖随后进行分化、然后开始融合形成多核肌管再逐步成熟形成肌纤维的能力,并且伴随着肌纤维生长发育的进行,骨骼肌卫星细胞会因为其分化作用开始融入已存在的肌纤维中而导致骨骼肌卫星细胞数量逐渐减少。Allbrook 研究表明骨骼肌卫星细胞在有机体新生时占每单根肌纤维的比例为 30%～35%,而到成年后则会下降到 5%左右的较低水平(Allbrook et al.,1981),其他学者也发现了与之相似的现象规律(Pollot et al.,2017,Singh et al.,2017)。骨骼肌卫星细胞与肌纤维间存在着相对恒定的状态形式,但是这样的平衡状态在受到损伤以及有机体外环境刺激时,可使得骨骼肌卫星细胞重新激活并依次进行了增殖、分化、融合形成肌管的进程，参与着骨骼肌肌肉组织的修复。由此我们可以得知，骨骼肌纤维的生长增殖发育在动物有机体的完整的生命进程中与骨骼肌卫星细胞的数量、活性、增殖以及分化的能力都有着紧密的联系。

7.1.2 骨骼肌卫星细胞激活与更新

在已经处于成体状态的骨骼肌卫星细胞(satellite cell)内部，其始终保持着静态的状态结构，而没有开始有丝分裂，即便是在某一些特定的环境里，也只有很少量且非常有限的蛋白合成和基因表达。但是，当骨骼肌卫星细胞承受到来自外部环境的某些物理刺激时，比如机械损伤、过度牵拉又或者是肌肉萎缩而发生病变时，骨骼肌卫星细胞可以被这些刺激所激活(Hinds et al.,2013)，骨骼肌卫星细胞的激活效应是肌肉组织再生过程中的必要环节和重要步骤(Hawke and Garry,2001)，但是骨骼肌卫星细胞是由于怎么样的原因能够在自身处于静息状态和增殖过渡的阶段时被重新激活，而且被激活的机制机理一直到现如今的研究体系中依旧没有给出准确的答案。

研究表明，处于静止期的骨骼肌卫星细胞中含有着成肌调节因子，这些因子能够使激活的骨骼肌卫星细胞来表达出相互激活并自我激活的效应。在静息状态形式的骨骼肌卫星细胞在被激活的进程中最先开始表达的基因就是生肌调节因子，它能够把多种多样形态的细胞诱导转化成为成肌细胞并且进一步促使肌细胞融合最终形成肌管(Zammit et al.,2006)。在胰岛素多肽家族中存在着胰岛素样生长因子(IGFs)，并且已有许多与之相关的调查研究表明 IGF-1 在当骨骼肌肌肉受到一定的机械损伤后，在再生骨骼肌细胞和肌卫星细胞中均能够表达。IGF-2 水平含量的高低与分化的成肌细胞中的生肌基因表达水平紧密相关(高萍等,2005)。肝细胞生长因子(HGF)则是激活休眠状态下的卫星细胞，减少静息状态的卫星细胞进入分裂周期的间隔时间(张蔚然等,2015)。在骨骼肌卫星细胞激活过程中多种生长因子都起到了至关重要的作用。肌肉卫星细胞具有自我更新的作用，从而用来维持其自身数量的内稳定。Collins 等研究结果显示，经过纯化后的骨骼肌卫星细胞不但具有修复肌肉的功能作用而且具有自我更新的能力，卫星细胞的自我更新过程与分化途径的动态分布平衡是卫星细胞保持干细胞功能和发挥作用的关键点所在，骨骼肌卫星细胞的自身更新是维持卫星细胞稳定的基础(Collins et al.,2009)。

研究者认为，当前肌肉卫星细胞的自我更新有两种机制：一是因为非对称性分裂所引起的，大部分的子细胞定型来自于肌源性分化，而另外少量的子细胞则又重新发育成为卫星细胞；二是肌肉卫星细胞进行的是对称性分裂，其中一个激活卫星细胞退出细胞循环环节重新进入静止阶段，并可以被某些因子再次激活进而重新进入到细胞循环中来，以此来完成卫星细胞的更新过程(Li et al.，2015)。激活后的卫星细胞，将会从原来的位置移出，直至移动到基膜之外，从而开始新细胞循环周期，与此同时 Pax7 和 MyoD 表达在数量上明显增加。卫星细胞被激活后一步一步开始形成新骨骼肌纤维，再经过多次的分化纯化，这就使得 Pax7 表达量下降，肌细胞开始分化、融合，形成多核肌管，但一部分成肌细胞会使 Pax7 的表达维持在一个稳定的水平，渐渐减少其他标志物的基因表达，最终退出细胞周期循环。

7.1.3　骨骼肌卫星细胞增殖与分化

MRFs 在肌生成的进程中是不可或缺的调控因子，另外 Pax7 也是骨骼肌卫星细胞用来维持自我更新与发育所必需的因子。Gruss 等发现 Pax 基因能够编码核转录因子(Dohrmann et al.，2000)。骨骼肌卫星细胞的生肌能力主要由以下几个方面来决定：MRFs 因子的相继激活，Pax3 和 Pax7 的再表达以及 Pax 基因的表达。骨骼肌卫星细胞在增殖和分化的进程中是受到很多信号通路在同时发挥着作用的，不同类型的因子能够通过不同的信号传导路径定向诱导骨骼肌卫星细胞的分化。成纤维细胞生长因子(FGF)一方面能够加强骨骼肌卫星细胞的增殖生长，同时又能够削弱卫星细胞向肌纤维分化的能力。Mccroskery 等研究发现转化生长因子(TGF)能够抑制骨骼肌卫星细胞的增殖并同时抑制成肌细胞的分化效应(Mccroskery et al.，2003)。

7.1.4　细胞培养的历史背景

在 20 世纪初期才开始建立起来的组织培养技术，是一种探究动物细胞形态、行为和生长发育方式的方法，而那个时候创建此组织培养方法体系的原因，是为了排除有机体内因正常的机体自身调节和实验过程中产生的应激对有机体整体因素产生影响的可能性(陈思凡等，2011)。显而易见的是该组织培养技术方法体系起初是将未分离开的小块组织样当作实验对象来进行操作的，它的生长增殖发育的方式也仅仅是在从小块的组织样中迁移出来不多的零星细胞，有一定的局限性，这与我们现如今采用的单根肌纤维分离提取骨骼肌卫星细胞的方式方法有很多类似之处。而正是因为这样的培养方式一直持续了50多年的时间，因此，组织培养这样的叫法也就一直被沿用到现在，尽管事实上在20世纪后半叶，该领域中的大多数突破性进展所采用的方式可能均为分散性的细胞培养。

Rous和Jonee最早证明外植细胞可离散开来，以及分散的细胞随后可以铺展，虽然细胞的传代更多是用外科的手段将培养物分拆产生而后被称之为细胞株(cell strain)的。细胞培养之所以有如此程度的飞速发展，在某种意义上来讲正是由在医学领域抗病毒疫苗的生产，以及科研工作者对肿瘤发生的认识，医学领域的需要所促成(乔鑫等，2014)。因此，更多地利用体外试验进行相关实验的呼声与日俱增。然而，这一呼声的采纳依然需要适当的法律程序且被人们普遍接受。对于数年前的社会环境来说，这似乎是一个可望而不可即的期盼希望，但这些更加敏感、更加简便易行的体外操作实验技术和体外炎症分析实验的真实前景的的确确极大地促进了体外实验的前所未有的发展进步(Garcia-Prat et al. ,2017)。

7.1.5 细胞培养的优点

细胞培养的两个主要优点在于理化环境的调控(pH、温度、渗透压、O_2和CO_2的气压)，它们受到非常精确的调节，另外，生理条件虽然不能总是被精确地界定，但可以保持相对的恒定。大多数细胞系的培养仍然需要在培养基中添加血清或其他尚未被确认的成分。这些补充成分在不同批次常有不同，并且还会有不确定的成分，如激素或其他调节物。随着对血清中某些主要成分的确定和对细胞增殖调控因子的深入认识，使得人们可以用确定的成分取代血清。在研究体外细胞的正常表型特征过程中，细胞外基质的作用也逐渐显出其重要性。目前认为，同血清一样，细胞外基质在细胞培养过程中也常常是必需的，但细胞外基质也并未完全被阐明，并且受一些因素的调控。随着可用的克隆化基质成分的出现，细胞外基质最终将被充分认识(Kasper et al. ,2017)。

细胞培养具有经济、规模和机械化等优点，由于细胞可以受到低浓度且成分明确的试剂的直接作用，并且该试剂能够和细胞直接接触，而体内注射时，约90%的试剂会因排泄或并未分布到所研究的组织中而丢失，因而，体外细胞培养时试剂所需量要少于体内注射。这些对不同物质的筛选和重复性的实验都比较便宜，并且还避免了动物实验所存在的法律、道德和伦理问题(Csete et al. ,2001)。多孔培养板和自动化技术方面的新进展也使细胞培养在时间和规模上都更加经济有效。

7.1.6 骨骼肌的生长发育及肉品质的改良

有研究发现，骨骼肌卫星细胞具有促使快型纤维向慢型纤维转化的能力，而慢速氧化型肌纤维具有增加肌肉多汁性和嫩度的作用，同时也含有相对较多的骨骼肌卫星细胞（Van et al.，2013）。不过，目前对肌纤维类型的一系列复杂调控，以及各种调控因子在不同肌纤维类型中的分布机制还不是很清晰，还需要进一步探究。

骨骼肌卫星细胞具有分化为脂肪细胞、成骨样细胞、肌肉细胞的潜能，为改良动物肉品质、增加肌内脂肪含量提供了借鉴。只要给予正确的信号，多潜能干细胞就能分化为多种细胞类型（鲁明，2013）。研究发现，分别用5 mmol/L，10 mmol/L，50 mmol/L的过氧化物酶体增殖物激活受体的活化剂曲格列酮处理韩牛的骨骼肌卫星细胞，均可诱导肌卫星细胞转分化而形成脂肪细胞（Yang et al.，2013）。随着分子生物技术的进步，改良肉用动物生产性能的研究也在分子水平的各个领域不断开展。为了实现通过增加肉用动物的肌内脂肪含量以达到改善肉质这一目标，本研究试图从分子水平阐明对肌卫星细胞增殖与分化的调控机制，研究骨骼肌卫星细胞的多项分化潜能，为提高肌内脂肪含量，改善肉品质提供一个全新的途径。

7.2 钙蛋白酶系统

7.2.1 钙蛋白酶系统简介

钙蛋白酶系统（calpain system）是较早被发现的蛋白酶类之一，且关于钙蛋白酶系统的研究涉及医学、分子生物学和生物有机化学等诸多领域。钙蛋白酶系统各成员的功能作用是受到钙离子、磷脂和钙蛋白酶抑制蛋白影响的（Raimbourg et al.，2013）。钙蛋白酶家族成员根据其在体外被激活时所需要的钙离子量的大小，命名了其中两个最重要的酶类，μ-钙蛋白酶（CAPN1）和m-钙蛋白酶（CAPN2）。钙蛋白酶家族还包括能够在骨骼肌中特异性表达的p94（CAPN3）（Theil et al.，2006）。该家族主要成员在哺乳动物有机体内各个组织器官中的分布情况和水平以及成员名称见表7-1。

表 7-1 哺乳动物钙蛋白酶家族主要成员情况

钙蛋白酶	简写	别名	存在组织
calpain1	CAPN1	μ-calpain	广泛存在于各组织
calpain2	CAPN2	m-calpain	广泛存在于各组织
calpain2	CAPN3	P94	广泛存在于各组织
calpain4	CAPN4	—	广泛存在于各组织
calpain5	CAPN5	Hrta3	广泛存在于各组织

7.2.2 钙蛋白酶系统在骨骼肌生长发育中的作用

骨骼肌的生长速度最终是由骨骼肌卫星细胞的数量、肌肉蛋白合成速度和降解速度三个因素所决定的。激素注射是否科学、营养状况的好坏和饲养管理是否合理等都能通过调节以上三个基本因素中的任意一个、两个或三个而对肌肉生长速度产生相应的影响(Shenkman et al.,2015)。骨骼肌蛋白降解速率的相对下降会致使肌肉生长速度增加,同时也会使摄取的营养物质的肌肉转化效率提高。能够使骨骼肌蛋白降解的途径主要是通过以下三种:溶酶体组织蛋白酶途径、依赖 ATP 的蛋白质途径和依赖钙的钙蛋白酶途径(Pompeani et al.,2014)。肌原纤维蛋白是成熟骨骼肌蛋白总含量的 50%～60%。在哺乳动物有机体内,其骨骼肌肌原纤维的特征形态为圆柱状,直径在 1～3μm 之间,长为 1～40mm 之间,而溶酶体的直径大约为 16nm,长约 11nm,因此肌原纤维就不能直接进入到溶酶体内。正是由于这样的原因,肌原纤维蛋白质降解的首要步骤是降解肌丝,这一步骤可能是在肌原纤维蛋白质降解过程中起着限速效果的一步(Tonami et al.,2013)。多项的研究结果表明钙蛋白酶系统参与到这一降解装配过程里。

骨骼肌钙蛋白酶是位于肌细胞内部的蛋白酶类型,它在 Z 线中是浓度含量最高的。迅速发生萎缩的肌肉中钙蛋白酶活性比正常肌肉的活性多出数倍之多,它的一个显著特征就是 Z 线的降解,然而肌球蛋白和肌动蛋白数量却始终保持不变。钙蛋白酶体系在细胞内是参与到动物有机体分化、生长与代谢过程中去的,同时还在肌原纤维更新后和动物体屠宰后的嫩化进程中饰演着特定而又重要的角色(Smith et al.,2011)。他们分别是典型的钙蛋白酶类和非典型的钙蛋白酶类,然后进一步进行分类又可将其分为非组织特异性钙蛋白酶和组织特异性钙蛋白酶。钙蛋白酶是存在于细胞内部主要的中性半胱氨酸酶,这类蛋白酶可以由特定的钙离子所激活,所以它被认为参与到了多种钙离子调节的正常水平下的生理和病理调控环境中（Kemp et al.，2013）。同时，很多研究表明钙蛋白酶基因分别在 mRNA 水平以及蛋白质水平上都能检测到其在肌肉功能中重要的作用（Barnoy et al.，2000，Chang et al.，2016）。

7.2.3　CAPN1 基因的研究进展

牛 CAPN1 基因的结构与其他各哺乳动物物种的结构类型类似，大亚基均是由四个保守的结构域组成，小亚基由两个结构域组成。同时存在大量的研究表明，不同物种间 CAPN1 基因的核苷酸序列存在差异的原因可能是由于进化上的差异导致的（Shu et al.，2015）。CAPN1 在钙离子量增加时会发生自溶现象，且自溶后激活 CAPN1 发挥作用所需的钙离子的阈值就会降低，但是这种作用机理目前还尚不明确，有待进一步调查研究。被激活后的 CAPN1 能够进一步自溶，最终很快失去其活性。正是由于 CAPN1 在自溶后才能够表现出活性，所以，CAPN1 可被当成酶原，这就可以进一步保证当 CAPN1 在还未被激活时，不存在活性，以此来防止对细胞的伤害作用。

当动物有机体屠宰后肌肉内钙蛋白酶的表达水平低下，以及钙蛋白酶抑制蛋白表达水平增高时，都会相应地引起肌肉蛋白水解率的下降，并最终导致宰后肌肉嫩度的下降，这就进一步证明了钙蛋白酶在肌肉中的水解作用是引起肉质嫩化的主要条件因素（Chang and Chou，2010）。在宰后嫩化的过程中 CAPN2 的活性几乎不变，而 CAPN1 的活性显著下降，钙蛋白酶活性下降是其发挥水解作用的体现。由于活体宰后 Ca^{2+} 浓度可以激活 CAPN1 而不能激活 CAPN2，大量研究表明在肌肉的熟化过程中 CAPN1 的活性增高，含量急剧下降，因此 CAPN1 被认为是改善肉质嫩度的候选基因，但是 calpain 家族调控肌肉嫩化的详细具体的作用机制还不是很清晰。在 calpain 表现水解活性时，推测发生下列 4 个（Geesink et al.，2006）变化过程：①calpain 大小亚基的分离；②小亚基的自溶，30ku 亚基迅速降解为 17ku；③大亚基自溶，由 80ku 转化为 78ku 再变成 76ku；④calpain 构象发生变化而表现蛋白水解酶活性，calpain 受激活后呈自溶状态，从而表现活性。

7.2.4　CAPN3 基因的研究进展

钙蛋白酶-3（CAPN3、p94）与 CAPN1 和 CAPN2 的特定结构域序列是处于同源状态的，其中就包括了钙结合域。虽然它们之间有一个同源性的钙结合区域，但是有关于CAPN3对钙离子敏感性的研究报道却是不常见的。在1998年间，Kinbara等（Kinbara et al.，1998）科研工作者研究发现了CAPN3不需要钙离子的参与也能进行自我分解。随后，就有学者针对CAPN3对Ca^{2+}的敏感性进行了一系列相关的分子实验，发现CAPN3需要低于微摩尔的Ca^{2+}浓度大小就能够自分解，甚至是低于500nM的Ca^{2+}的浓度也可以引起其开始进行自分解进程（Wu et al.，2015）。

CAPN3可能与屠宰后肉类成熟与嫩化过程有关，这恰恰是因为CAPN3是骨骼肌特异性钙蛋白酶类。CAPN3与处于N_2线上肌小结的伴肌球蛋白来相互结合的位点与动物体屠宰后肉的成熟和嫩化作用间有着相当密切的联系。站在肉制品行业的角度上看，在动物屠宰后肉成熟的早些时期，最容易造成肌原纤维蛋白分解的位置在于伴肌球蛋白与N_2线链接区域。有意思的是，有研究表明CAPN3和伴肌球蛋白通过细微的链接而非肌肉组织的连接后在C-末端进行相应的结合（Theil et al.，2006）。上述结果都在进一步阐述着CAPN3能通过一个非常复杂的系列进程与伴肌球蛋白来结合，同时CAPN3参与了伴肌球蛋白特异性调控肌原纤维稳定性的过程，并在其中扮演着极其重要的角色。

7.3 半胱天冬酶系统

7.3.1 半胱天冬酶系统简介

半胱天冬酶系统在细胞凋亡进程中，对细胞形态学和生物化学上的变化起着关键性的作用。科研人员在对线虫的早期研究中发现了与细胞凋亡相关的十几种基因。细胞凋亡是半胱天冬酶参与的复杂过程，目前已有14种半胱天冬酶家族成员先后被发现或克隆，半胱天冬酶（caspase）分为启动型（caspase-8和caspase-9）和执行型（caspase-3、caspase-6和caspase-7）。半胱天冬酶启动型可以接收一些死亡信号，随后能够激活下游的分子或者启动凋亡现象，半胱天冬酶执行型则可以降解掉核酸、细胞骨架以及蛋白质等，从而导致细胞凋亡以及细胞形态学的改变（Fulle et al.，2013）。

7.3.2 半胱天冬酶系统在细胞凋亡中的作用

细胞凋亡（apoptosis）现象是细胞程序性的自我毁坏的一系列进程，自我损坏的周期一般是在 30～60min 之间。在多细胞生物中发挥着重要的生命现象，在个体发育过程中、正常生理或病态中都会出现，在特定的生理或病理情况下，按照自身发展的程序，自己主动结束自己生命的过程，最后细胞脱落离开有机体或分解为若干个凋亡小体，被其他细胞吞噬(Ba et al.，2015)。凋亡通常通过蛋白酶 caspases 介导蛋白裂解起作用，细胞凋亡形态学上的变化主要有 DNA 破碎、染色质凝聚、细胞皱缩、线粒体肿胀和凋亡小体的形成，而以凋亡小体被吞噬为结束标志(Jejurikar et al.，2006)。

外部死亡受体途径、线粒体途径以及内质网途径，总体上说来以上三种途径是能够触发动物有机体内凋亡信号转导的路径。在这三种不同类型的路径里，caspase 家族蛋白酶均在其中扮演着极其重要的身份角色。细胞凋亡现象的产生是由于有机体在受到内外多种类型的因子间一系列复杂的互作机制，进而诱导产生了凋亡的激发信号，随后传递至 caspase 家族，此通路以 caspase 家族成员活化为起始，以蛋白底物裂解导致细胞的解体为终止，从而使细胞凋亡进程最终得以结束。

7.3.3　CASP3 基因的研究进展

几乎在所有的真核细胞的凋亡过程中都有着 CASP3 的参与，而且它能诱导下游发生细胞凋亡效应。已经有很多研究表明了，细胞内的 CASP3 可以成功激活脱氧核糖核酸酶，该类型的酶可以引起细胞核内 DNA 的碎片化。因此 CASP3 被称作“死亡蛋白酶”。在正常生理情况下，胞质中的 CASP3 是以失活的酶原形式存在的，CASP3 在多种蛋白水解酶和细胞凋亡信号的诱导作用下，能够随之发生裂解反应而被其活化。能够直接引起凋亡细胞解体的蛋白酶系统是半胱天冬酶家族，而 CASP3 则在细胞凋亡机制中占着中心的位置。迄今为止，有大量研究认为 CASP3 是哺乳动物细胞凋亡效应发生的关键蛋白酶类。不同蛋白酶分别切割和激活 CASP3 酶原，活化的 CASP3 进而又切割不同的底物，然后导致蛋白酶级联切割放大，最后引起细胞的死亡(Lo et al.，2016)。

7.3.4　CASP7 基因的研究进展

CASP7 基因是执行型(caspase-3，caspase-6 和 caspase-7)的半胱天冬酶系统成员之一，它参与着细胞凋亡和某些炎症反应。CASP7 基因被认为与 CASP3 基因有同样的功能，都可以在细胞凋亡过程中直接被 CASP9 基因激活从而引起细胞基质裂解反应(Lei et al.，2017)。然而，最近的一些研究表明 CASP7 基因和 CASP3 基因各自有其独有的功能。例如,利用基因敲除技术敲除小鼠 CASP7 基因的表达后小鼠眼睛柔性焦距透镜组表现正常,但是,敲除小鼠 CASP3 基因后小鼠表现异常(Inserte et al. ,2016)。与此同时,半胱天冬酶家族的非细胞凋亡功能也已有很多报道。CASP3 基因的非细胞凋亡性功能作用在骨髓干细胞和牙源性上皮细胞内部能够被检测到,而CASP7 基因的作用体现在牙齿的发育过程中,它在牙细胞分化生成的过程中扮演着重要的角色。此外,已经被激活的 CASP7 基因被检测到出现在一定数量的骨细胞中,但是并没有伴随着细胞凋亡。因此,这些研究表明 CASP7 基因不仅仅能引起细胞凋亡,也具有非细胞凋亡性功能。然而,关于 CASP7 基因非细胞凋亡性功能的相关研究很少有报道。

7.3.5 CASP9 基因的研究进展

CASP9 是线粒体凋亡信号通路中至关重要的启动子和关键蛋白酶。当在经受凋亡信号所刺激后,蛋白酶可水解 CASP9 酶原,使其水解成为大小亚单位。被激活的 CASP9 能进一步激活 CASP3、CASP6、CASP7 从而启动 caspase 级联反应,CASP3、CASP7 蛋白等被随之激活后,通过破坏细胞核纤层,进而引起细胞结构的破坏,最终会使得细胞发生凋亡现象(Van and Hwang,2014)。

有研究表明,CASP9 在大脑神经上皮的原始细胞生长发育进程中,起着不可或缺的调节细胞数量的功能作用。在大部分的剔除 CASP9 基因小鼠有机体内,由于 CASP3 的激活效应在胚脑的形成过程中受到了不可抗的阻碍,导致小鼠死亡,死亡原因为大脑畸变和其中的显著扩增作用。由于 CASP9 的缺失可以使得动物有机体胚胎的胸腺细胞等,避免因为放射线辐射效应所诱导的细胞凋亡效应的产生。与此同时,又由于细胞内缺少了 CASP9,所以细胞能够抵抗由化疗药物所导致的细胞凋亡现象,因此随着这些小鼠的生长,其患肿瘤的概率会进一步增加(Shi et al. ,2014)。正因为如此,在肿瘤的发生与其生长进程中,CASP9 可能起到了极其重要且不容忽视的作用。

7.4 钙蛋白酶系统与半胱天冬酶系统的网络关系研究概况

目前已有相当多的研究证明钙蛋白酶系统参与了细胞凋亡的过程,并且表明半胱天冬酶系统与钙蛋白酶Ⅰ(μ-calpain,CAPN1)之间存在着复杂的互作效应(Barnoy and Kosower,2003)。近年来研究发现calpain对于某些凋亡基因的激活也至关重要,如calpain可裂解并激活Bax并最终介导细胞色素C释放从而诱导凋亡发生。钙蛋白酶(calpain)与半胱天冬酶(caspase)有很多共同的底物如PARP、钙蛋白酶抑制蛋白(calpastain)及tau。但钙蛋白酶(calpain)与半胱天冬酶(caspase)在凋亡信号通路中关系目前仍有争议。

有报道显示在凋亡信号中calpain处于CASP3上游,介导CASP3依赖及非CASP3依赖的凋亡,亦有研究表明在药物诱导的HL-60细胞凋亡中calpain位于CASP3下游,在细胞凋亡晚期发挥重要作用。研究证明calpain可直接裂解并抑制CASP9的激活,而这一作用可进一步抑制细胞色素C(cytochrome C)诱导的CASP3的激活(Ba et al.,2015)。因此可能由于细胞的状态不同及凋亡诱导刺激不同,caspase和calpain的作用及相互关系可能也不尽相同。

钙蛋白酶和半胱天冬酶之间的直接作用主要表现为钙蛋白酶对半胱天冬酶启动酶或效应酶的酶切作用从而改变其活性,关于半胱天冬酶对钙蛋白酶的直接作用目前还很少报道,关于钙蛋白酶对半胱天冬酶作用的研究结果也并不统一,甚至直接相反。例如Blomgren等(Osman et al.,2016)在研究中报道毫摩尔钙蛋白酶可以酶切细胞CASP3的N′末端生成30kDa的片段从而增强了CASP3的活性,但在另一篇研究中却发现钙蛋白酶酶切CASP3抑制了其活性。同时钙蛋白酶也可以通过改变半胱天冬酶从而影响半胱天冬酶的活性,如钙蛋白酶可以酶切CASP9的N′末端,从而使其失去激活CASP3的作用。

研究发现,钙蛋白酶Ⅰ(CAPN1)基因和凋亡相关基因caspase-9(CASP9)在骨骼肌卫星细胞融合成肌纤维的过程中mRNA水平显著上调(Yang et al.,2006)。骨骼肌肉组织生长发育的速度依次是由骨骼肌卫星细胞的数量多少、肌肉蛋白合成速度的高低以及其降解速度的快慢所共同影响且决定的。在骨骼肌蛋白降解的进程中,依赖Ca^{2+}的钙蛋白酶途径是其中的一类极其重要的途径。同时,calpain是动物有机体内存在于细胞质中的主要类型的蛋白水解酶,其在肌原纤维蛋白降解过程中起着至关重要的作用。另外,也由于骨骼肌肌肉的增粗肥大和其屠宰后引起相应的嫩度变化是与肌肉蛋白水解程度所密切相关的,正因为如此calpain的活性会影响到畜禽有机体内肌肉的增长和嫩度的变化,并最终影响到肉品质。

7.5 肌肉调节因子基因家族

7.5.1 肌肉调节因子基因家族简介

肌肉调节因子基因家族又被称为生肌决定因子基因家族，是在骨骼肌生成过程中参与分子调控机制的一个重要转录因子家族，它们控制着肌肉的发育，包括肌细胞的定型、细胞的增殖与分化及肌纤维的形成，并且也参与了个体出生后肌肉的成熟和功能完善的整个过程（高玲等，2015）。因此，认定肌肉调节因子基因家族的表达调控对肉品质的提升有重要的作用。该家族有以下几个成员，分别是生肌决定因子（MyoD）、肌细胞生成素（MyoG）、生肌因子 5（Myf5）以及生肌因子 6（Myf6），它们共同控制着肌肉的生成，是控制骨骼肌生成的关键调节因子，它们可以激活静止状态的肌肉特有基因与肌肉特有的增强子结合共同促进转录，可促使成纤维细胞、原代培养的成软骨细胞、平滑肌细胞等向骨骼肌细胞分化（刘宁等，2015）。

7.5.2 MyoD 基因

生肌决定因子（MyoD）也称为 MyoD1，是科学家 Davis 在 1987 年间首先分离与克隆的，是肌肉调节因子家族成员中最重要的一个。它能够促使很多其他类型的细胞，脂肪细胞、神经细胞、成纤维细胞和软骨细胞等转化为成肌细胞，并且能够进一步促进成肌细胞进行融合与分化，进而形成成熟的肌纤维，具有调控肌肉特性的作用（Wood et al.，2013；Parise et al.，2008），一直被认定是极其重要的成肌转录因子。

7.5.3 MyoG 基因

肌细胞生成素基因（MyoG）是与肌纤维数目有关的基因，它控制着肌纤维的形成，在肌肉分化的进程中起着至关重要的作用。MyoG 基因是骨骼肌肉细胞分化时所必需的正向调控因子，它参与了从多能胚胎干细胞到中胚层细胞，再定向为成肌细胞，然后增殖分化为肌管并融合成熟形成肌纤维的整个过程。MyoG 基因是家族各个成员中的唯一一个可以在所有类型的骨骼肌细胞内均表达的基因，它的功能具有唯一性，不能被其他成员所取代掉（王秋华等，2012），它可以抑制细胞的生长周期，并且以此来促进细胞的分化，进而促进骨骼肌发育和成熟。

7.5.4 Myf5 基因

生肌因子 5(Myf5)参与了正常骨骼肌纤维的发育，是哺乳动物在胚胎时期调控肌细胞增殖和分化，与肌纤维数量和大小密切相关的调节因子，是该家族在胚胎发育时最早被诱导表达的因子，其表达于成肌细胞的增殖过程中，对哺乳动物胚胎时期和出生后肌肉生长发育具有重要的作用。Myf5 功能一方面体现在 Myf5 基因在不同肌肉类型的成肌纤维中表达和其对肌肉分化的作用上；另一方面体现在 Myf5 基因的分子调控机制上(王兴平等, 2014)。

7.6 钙蛋白酶系统与肌肉嫩度的关系

活体动物体内的绝大部分的 Ca^{2+} 储藏在肌浆网内，游离 Ca^{2+} 的浓度只有 0.2μmol/L，但屠宰后动物体内的 ATP 渐渐消耗尽，肌浆网丧失保存 Ca^{2+} 的能力，Ca^{2+} 外流，肌浆中 Ca^{2+} 的浓度逐渐升高，钙蛋白酶被激活。Yoshikawa 等(Yoshikawa et al.,2000)在 2000 年研究中发现，Ca^{2+} 激活钙蛋白酶后，大小亚基分离，起着调节作用的主要是小亚基，大亚基主要发挥着催化调节作用。钙蛋白酶发生水解的前提可能是，分离后 30ku 的小亚基迅速降解为 17ku。另外 80ku 的大亚基一般没有活性，但当其先转化为 78ku，再转变为 76ku 的自溶形式时才有活性，并且迅速降解从而又失去酶活性，钙蛋白酶活性水平的下降是其发生水解作用的表现。当钙蛋白酶变为自溶状态时被激活，开始对肌原纤维发生作用，此时肌纤维在数量上减少，自由氨基酸增多，减轻对肉剪切力的力度，此时肉的嫩度便会增加。实验中发现钙蛋白酶缺乏必要的残基，这表明了钙蛋白酶发挥某些功能作用时不需要蛋白水解活性，但嫩化作用时一定需要蛋白水解活性。Suzuki 等(Suzuki et al.,2004)发现钙蛋白酶表达量的减少以及钙蛋白酶抑制蛋白表达量的增加，都会致使肌肉蛋白水解率及宰后肉嫩度的降低，这表明钙蛋白酶发生水解作用是使肉嫩化的主要原因。

Koohmaraie 等(Koohmaraie et al.,1995)在 1995 年研究试验证明，肌肉在成熟嫩化过程中，唯一有关的蛋白酶水解系统是钙蛋白酶，后来又证实 CAPN1 是肉嫩化的基本酶类。Ilian 等(Ilian et al.,2001)在 2001 年的研究也发现了 CAPN1 的活性情况与肉的嫩度之间具有一定的相关性。然而，Delgado 等(Delgado et al.,2001)研究发现，肉的嫩化与钙蛋白酶抑制蛋白活性及降解速度有关，而与 CAPN1 和 CAPN2 的活性及降解速度没有明显的关系。张增荣等通过 CAPN1 基因多态性与鸡肉嫩度的相关性研究表明，CAPN1 基因可以提高肌肉的密度，使鸡肉的剪切力减小，嫩度增加。因此究竟与肉嫩度相关性最大的是何种酶类还有待进一步研究探讨。

7.7 研究意义

牛肉的品质特性主要由大理石花纹（肌内脂肪）的丰富程度、肉的颜色、纹理的粗细、脂肪的颜色和软硬程度所决定。而肉的品质特性包括颜色、系水力、肌内脂肪、软硬程度等受到肌肉纤维类型和直径等特征的影响。骨骼肌的生长发育过程也影响到肌肉的品质特征。骨骼肌肉组织生长发育的速度是由骨骼肌卫星细胞的数量多少、肌肉蛋白合成速度的高低以及其降解速度的快慢所共同影响且决定的。骨骼肌卫星细胞是骨骼肌中位于肌细胞膜和基膜之间具有增殖分化潜力的肌源性干细胞，骨骼肌卫星细胞除了具有增殖分化、融合成肌管再逐步成熟形成肌纤维的能力外，还有分化形成脂肪细胞与成骨细胞的能力。骨骼肌卫星细胞不但与动物出生后的骨骼肌发育密切相关，并且可以转分化为脂肪细胞来提高肌内脂肪含量，进而提高肌肉品质。

研究发现钙蛋白酶Ⅰ（CAPN1）基因和凋亡相关基因 caspase-9（CASP9）是与骨骼肌生长发育密切相关的两个重要基因（Van et al., 2013）。而且还发现钙蛋白酶Ⅰ（CAPN1）基因与骨骼肌卫星细胞向生肌性肌原细胞和生脂性脂肪细胞的转化平衡密切相关。关于牛的肉质性状方面的研究报道很多，也发现了很多与牛肉质性状有关的候选基因或分子标记，钙蛋白酶Ⅰ基因就是其中之一。但是以牛骨骼肌卫星细胞为研究对象，另外选择主要与细胞凋亡有关的 CASP9 基因，来研究牛肉质形成的机理，却不多见。本研究的意义在于，通过研究钙蛋白酶Ⅰ（CAPN1）基因在骨骼肌卫星细胞向生肌性肌原细胞转分化平衡中的调控作用，在理论上为阐明牛骨骼肌生长发育的分子机理和相关候选基因的网络调控机制提供重要的理论依据。

第8章　牛原代骨骼肌卫星细胞的分离提取与培养

8.1　实验材料

8.1.1　实验动物

本实验选用1～2岁肉牛为研究对象，采样单位为河南省洛阳市伊众食品有限公司。

8.1.2　实验试剂

PBS溶液（自配）；

DMEM/F12培养基购自HyClone公司；

特级胎牛血清和马血清均购于浙江天杭生物科技股份有限公司（杭州四季青公司）；

双抗一青链霉素混合液（10000U/mL青霉素、10000μg/mL链霉素）、0.25%胰蛋白酶溶液（包含有EDTA）均购自美国GenView公司；

胶原酶Ⅰ购自Sigma公司；二甲基亚砜（DMSO）为Sigma原装；

75%医用酒精购自洛阳博冠化验器材行。

8.1.3　实验仪器与耗材

无菌超净工作台：苏净净化SW-CJ-2D型双人净化工作台；

CO_2培养箱：Thermo Scientific™ Forma™ 310直热式可堆叠CO_2培养箱；

倒置相差显微镜：重庆奥特光学仪器有限责任公司BDS系列倒置显微镜；

高速离心机：上海安亭飞鸽TGL-16G实验室高速台式离心机；

超低温冰箱：安徽中科美菱超低温冷冻储存箱DW-HL398S；

高压灭菌锅：上海申安医疗器械厂；

超纯水机：Thermo Scientific MicroPure ST；

断水自控蒸馏水机、水浴锅：上海科恒实业发展有限公司；

电子天平：上海海康电子仪器厂；

pH 计：杭州宇隆电子仪器厂 PHS-25C 数显酸度计；

恒温磁力搅拌器：金坛市医疗仪器厂 XH-C；

培养板、培养瓶、培养皿、枪头、离心管、分装瓶：德国 fisher scientific；

0.22μm 针孔式过滤器：xiboshi syringe filter；

大龙移液器：北京索莱宝科技有限公司。

8.1.4 实验用主要试剂溶液的配制

(1)酸缸清洁液的制备

本研究所采用的酸缸清洁液为强酸溶液，先称量重铬酸钾 63g，将其首先溶解于 200mL 的蒸馏水中，最后再缓慢加入 1000mL 浓硫酸，在加入的过程中一定要不断搅拌混匀以及切记注意散热。

(2)DMEM/F12 培养基的制备

称取 DMEM/F12 干粉 2.7g，以及 $NaHCO_3$ 0.74g，首先将两者充分溶解在 150mL 超纯水中，后定容至 200mL 且混合要均匀，再用 5%的稀盐酸调节其 pH 值在 7.2 和 7.4 之间，然后用带有 0.22μm 滤膜的一次性针孔式过滤器来过滤以除菌后，于冰箱 4℃的冷藏室中保存备用。

(3)PBS 缓冲液的制备

分别精确称取 NaCl 16g，$Na_2HPO_4 \cdot 12H_2O$ 6.98g，KCl 0.4g，KH_2PO_4 0.4g，再加入 1800mL 超纯水使其混合充分，且完全溶解混匀，再将其在容量瓶内定容至 2000mL，分装于 500ml 分装瓶内后再高温高压灭菌处理，最后放置于冰箱 4℃冷藏室中保存备用。

(4)青霉素一链霉素混合液(100×双抗)的制备

用 0.9%的 NaCl 溶液溶解青霉素和链霉素，并按照其单位将青霉素的浓度配制为 10000U/mL，链霉素的浓度含量为 10000μg/mL，分装后置于冰箱－20℃冷冻室保存以备用，切忌反复冻融。在细胞培养基中推荐的青霉素的工作浓度为 100U/mL，链霉素的工作浓度为 100μg/mL。即按照 100 倍稀释使用即可。

(5)0.1% Ⅰ型胶原酶溶液的制备

精确称取 50mg 的Ⅰ型胶原酶固体粉末，将其充分溶解于 45mL DMEM/F12 溶液中，再用 DMEM/F12 溶液将其定容至 50mL，并用 0.22μm 滤膜的一次性针孔式过滤器过滤以除菌，于冰箱 4℃冷藏室中保存备用。

(6)细胞冻存液的制备

10% DMSO、40% 胎牛血清、50% DMEM/F12 培养基，在超净工作台内混合均匀，0.22μm 滤膜的一次性针孔式过滤器过滤以除菌，需要现配现用。

8.2 实验方法

8.2.1 实验器皿的清洗与灭菌

将使用过的玻璃器皿直接泡入新洁尔灭溶液中 1～2h，泡过新洁尔灭溶液的玻璃器皿要首先使用清水冲刷干净，然后在 65℃烘箱内烘干水分。烘干后再将其浸没到酸缸清洁液内部，应完全浸泡 10～12h，进行彻底的消毒与灭菌，从酸缸里打捞出放入的玻璃器皿后首先立即用自来水清水冲洗，避免酸缸清洁液干燥后黏附于玻璃器皿上难以清洗掉，然后再用蒸馏水反复冲洗 3 次。洗干净的器皿需要经再次烘干后取出来用牛皮纸进行严密的包装，以便于灭菌后的长时间储存，以及防止灰尘的影响和对其的二次污染。

将需要高压蒸汽灭菌的所有器皿分别用牛皮纸包装好以后，装入到高压灭菌锅内，盖紧灭菌锅盖子，打开灭菌锅的开关和安全阀门，随着灭菌锅内蒸汽温度的上升，安全阀口会开始冒出不洁蒸汽，直到当蒸汽呈现接近直线冒出状态且持续 1 分钟左右时间后，关闭安全阀门，121℃持续灭菌 20min。灭菌结束后，又由于器皿和牛皮纸会被蒸汽打湿，为了避免器皿又重新被污染，所以要尽快将其放入烘箱内烘干取出后放入无菌细胞间备用。

由于金属器皿会被强酸所腐蚀掉，所以金属类型器皿不能够进行泡酸操作。对其进行清洁时可先使用新洁尔灭溶液浸泡，然后洗刷掉污渍并用自来水冲掉新洁尔灭溶液，然后再依次使用 75%的医用酒精擦洗干净，再用自来水冲洗彻底，最后使用蒸馏水浸泡洗涤。随后烘干后放入铝制盒内，再用牛皮纸包装好在高压蒸汽灭菌锅内 121℃高压消毒灭菌 20min，再烘干备用。

8.2.2 牛原代骨骼肌卫星细胞的分离提取与培养

在牛被屠宰后 45min 内采取牛背最长肌组织样，将采集的肉样先用

70%酒精洗涤，再反复用含有1×双抗的PBS溶液冲洗干净，然后将肉样浸入经4℃预冷的含1×双抗的PBS溶液中，放置在冰盒内迅速带回无菌细胞培养实验室进行如下操作：

在无菌超净工作台内用手术小剪剔除肉样中的脂肪、结缔组织等，然后用眼科剪反复剪碎，加入PBS溶液后轻轻吹打并静置，洗掉血液，800rpm离心2min，弃上清，可根据实际情况重复此步骤2～3次，防止血液影响酶的消化作用。将清洗后的组织块先用0.1% Ⅰ型胶原酶溶液于37℃水浴锅内温和消化30min，再用0.25%胰蛋白酶溶液于37℃恒温水浴锅内温和消化40～60min，每间隔10min左右摇晃一次使酶充分接触且消化组织块，并保证酶量是组织块体积的4倍，且必须严格控制消化时间，避免由于消化时间过短得到较少的目的细胞，或消化时间过长，损伤目的细胞。最后加入等量或者多于胰蛋白酶体积量的增殖培养基来终止消化作用，800rpm离心5min后取上清。将细胞悬液依次用400目和200目密度大小的细胞筛进行过滤，并将过滤后的细胞悬液在2500rpm条件下离心5min，弃去上清液，离心管底部的细胞沉淀用增殖培养基吹打重悬后，分装在25cm^{2}细胞培养瓶内并置于37℃、5%CO_2恒温培养箱中培养。在稳定培养72h后更换新鲜的细胞增殖培养基，并耐心观察细胞的生长和贴壁情况，通过换液以去除尚未贴壁的细胞和死细胞，观察细胞的长势是否良好，以后每间隔2～3d更换一次新鲜的增殖培养基。

8.2.3 细胞纯化

采用酶消化法和反复贴壁法两者相结合的类型方法进行细胞的提纯，将杂细胞（主要为成纤维细胞）从骨骼肌卫星细胞中分离开来以此进行原代细胞的提纯和细胞系的建立。

在原代细胞培养早期阶段，在细胞传代时首先用0.25%胰酶进行消化30s左右时间，由于成纤维细胞贴壁不牢固，此时悬浮起来的细胞主要为成纤维细胞，再将其连同胰酶溶液一起去除，随后再加入胰酶进行消化传代培养，留下的细胞主要就为骨骼肌卫星细胞，在前两次传代时主要采用酶消化法来进行细胞的纯化。在随后的两次传代时，采用反复贴壁法来纯化细胞，在传代培养后的20min内，主要为成纤维细胞贴壁，其贴壁速度快于骨骼肌卫星细胞，贴壁培养20min后，将未贴壁的细胞悬液转移至新的培养瓶内，此时留下的细胞就为纯化过后的骨骼肌卫星细胞。

8.2.4　细胞传代

当骨骼肌卫星细胞体外增殖培养生长至 80%融合状态后就可以进行传代操作。首先倒掉培养瓶中使用过的旧培养液，并加入经 4℃预冷过的 PBS 溶液 5mL 清洗两次，倒出 PBS 溶液并将其吸出干净，再加入适量体积的经 37℃水浴预热的 0.25%胰蛋白酶溶液，并置于 CO_2 培养箱中消化 1～2min，取出后摇晃培养瓶，加入 1.5 倍体积的培养液终止胰蛋白酶的消化作用影响，轻轻吹打细胞培养瓶底壁使依旧贴壁细胞脱落下来，在倒置相差显微镜下观察，使细胞均处于悬浮状态下即可，在吹打过程中应避免气泡的产生。此时，将骨骼肌卫星细胞悬浮液转移入新的离心管中，2500rpm 离心 3～5min，并弃上清，加入细胞增殖培养基吹打细胞沉淀，使其充分且均匀地分布于培养基中后，视细胞沉淀量决定按照 1∶2 或者 1∶3 的比例分装于 25cm^2 培养瓶中去。24h 后开始更换新鲜的增殖培养基，此后每 2d 就更换一次细胞增殖培养基。前 2 次传代培养，每次均差速贴壁 20min 以去除成纤维细胞的影响。

8.2.5　牛骨骼肌卫星细胞生长曲线的绘制

取经过纯化后且生长状态良好的第 4 代骨骼肌卫星细胞，采用常规的胰酶消化传代方法对贴壁细胞进行消化处理，将其制成细胞悬液。再用血球计数板对细胞悬液进行计数后将细胞以 3×10^4/孔的密度分别接种在 24 孔培养板内，每组有 3 个重复孔，每间隔 24h 后对其中一组细胞进行胰酶消化然后做细胞计数并记录数据。要保证每个培养孔的细胞总数是一致的，并且培养液的配制比例及培养液的量也要求须一致。每孔细胞的接种数量应适宜，骨骼肌卫星细胞数量太多会使得细胞快速进入细胞增殖的稳定期，这就需要在短时期就对细胞进行传代，而这样并不能反映出细胞的生长发育情况形势。但如若细胞接种数量太少的话，就又会使得细胞的适应期时间开始延长，所以接种细胞的数量一定要适宜。应连续对细胞数量计数 7d 时间，并以增殖培养细胞的天数时间作为横坐标轴，以骨骼肌卫星细胞的数量作为纵坐标轴，根据细胞计数结果绘制出细胞生长曲线。

8.2.6　细胞的冷冻保存与复苏

当骨骼肌卫星细胞增殖生长达到 80%融合时即可进行细胞的冻存实

验操作，骨骼肌卫星细胞在冷冻保存前1d须更换新鲜的增殖培养基，常规0.25%胰蛋白酶消化法消化并收集细胞，将消化后的细胞悬液放入离心管内，以2500rpm离心5min，弃去上清，再用细胞冷冻保存液将细胞沉淀吹起重悬，避免吹出气泡，按照适当的细胞密度将细胞悬液分装于2mL细胞冻存管中，并在冻存管上标记好相关的主要信息以区分，如：细胞的类型、编号、细胞的代次和冻存日期等简要信息，详细信息在实验记录本内记录清楚。先将冻存管在4℃冰箱冷藏室内保存30min，再在−20℃条件下保存1h，然后置于−80℃冰箱中过夜，最后投入液氮中长期保存备用，给细胞设置适宜的温度梯度，以使其适应低温条件。

复苏骨骼肌卫星细胞时从液氮中取出相应需求编号的细胞冻存管，放入自封袋内封好，并置于42℃水浴锅内反复地进行摇动，使其加速溶解，摇动过程中要使得冻存管管口始终朝上，避免细胞沾染到冻存管盖子上造成不必要的浪费，又当冻存管内细胞固体融化至黄豆颗粒大小时即可停止水浴晃动，立即将细胞悬液转移入离心管内并加入适量增殖培养基进行混匀与配平，2500rpm离心5min后，弃掉上清，去除细胞冷冻保存液，重新加入细胞增殖培养基使细胞沉淀重悬，然后分装入细胞培养瓶中置于37℃、5% CO_2 恒温培养箱中培养。1d后更换新鲜培养基，再次去除残留细胞冻存液对细胞生长的影响。

8.3 结果

8.3.1 牛原代骨骼肌卫星细胞的分离提取与培养

本研究成功获得了牛原代骨骼肌卫星细胞，建立起了牛骨骼肌卫星细胞分离提取的方法体系，采用0.1% Ⅰ型胶原酶和0.25%胰酶联用的两步酶消化法分离获得牛原代骨骼肌卫星细胞，刚分离提取出来的原代细胞饱满且呈圆球形，拥有较强的折光性(图8-1A)。原代细胞分离提取培养的前2d内贴壁细胞数量较少，从第3d开始贴壁细胞数量明显增多，贴壁细胞的形态呈现出纺锤形状样式(图8-1B)，第4d可以更换新鲜的培养基，此时细胞中的成纤维细胞较多，随着原代细胞培养时间的增长，细胞间开始逐渐汇合并且有规律地进行分布(图8-1C)。

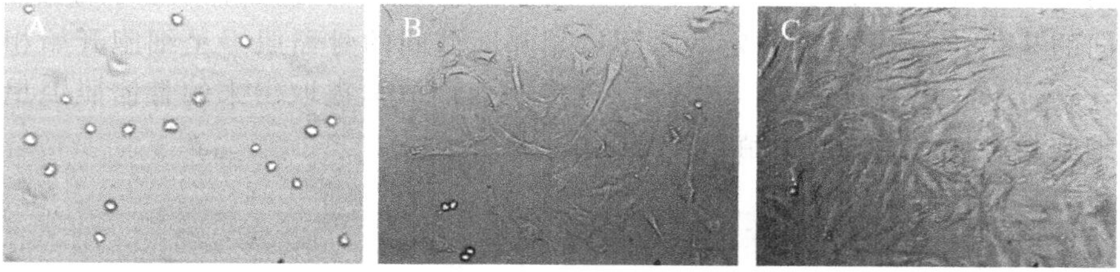

图 8-1 牛原代骨骼肌卫星细胞形态(200×)

8.3.2 牛骨骼肌卫星细胞的纯化、传代培养以及冷冻保存与复苏

应用酶消化法和反复贴壁法相结合的方法，对骨骼肌卫星细胞进行提纯，在经过 2 次酶消化以及 2 次反复贴壁处理后，近乎所有的异质细胞(主要为成纤维细胞)就会被去除掉，并且在第 3～4 代时骨骼肌卫星细胞纯度较高；细胞生长至 80%汇合时传代(图 8-2A)，如果传代不及时，肌卫星细胞将发生自融合现象(图 8-2B)；细胞冷冻保存液为含 10%的 DMSO、20%的胎牛血清，以及 70%的 DMEM 培养基，在进行细胞收集并加入冻存液后，于 4℃保存 30min，－20℃保存 1h，然后于－80℃冰箱或液氮中保存备用。

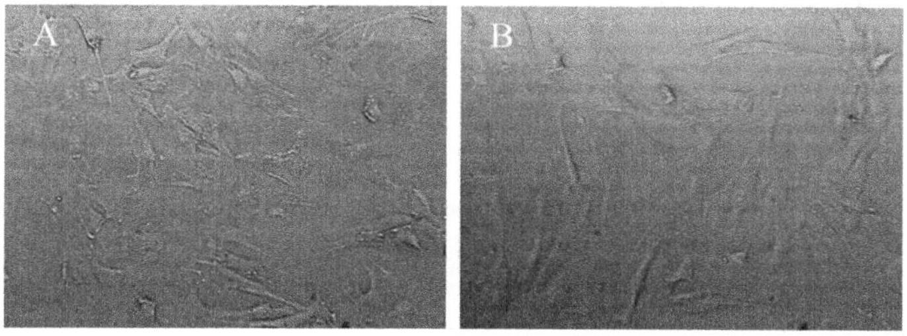

图 8-2 牛骨骼肌卫星细胞传代培养后形态特征(200×)

8.3.3 牛骨骼肌卫星细胞向成肌细胞的诱导分化

在骨骼肌卫星细胞进行传代培养并贴壁生长到 80%汇合状态后，将细胞增殖培养基开始更换为细胞分化培养基(DMEM 培养基中含有 2%体积的孕马血清)进行成肌方向的诱导分化培养(图 8-3A)。加入此分化培养基

培养增殖到汇合度为 80%的骨骼肌卫星细胞,即可诱导其开始进行成肌方向的分化,在分化培养一定的时间后相邻区域间的骨骼肌卫星细胞开始相互融合形成多核肌管(图 8-3B),这就表明我们分离提取出来的骨骼肌卫星细胞具有很好的体外增殖以及分化生长的能力。

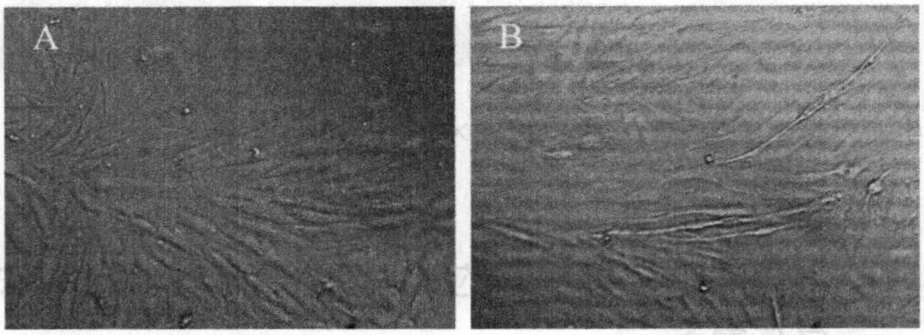

图 8-3　牛骨骼肌卫星细胞分化形成肌管(200×)

8.3.4　牛骨骼肌卫星细胞生长曲线

刚接种的牛骨骼肌卫星细胞在增殖培养的前 2d 时间内首先处于适应期,在增殖培养第 3d 时开始进入细胞的对数生长增殖期,在第 3～5d 之间,细胞增殖速度较快。随着细胞数量增多,细胞密度变大,细胞增殖速度就开始降低,从第 5d 开始细胞进入了平台期(图 8-4)。

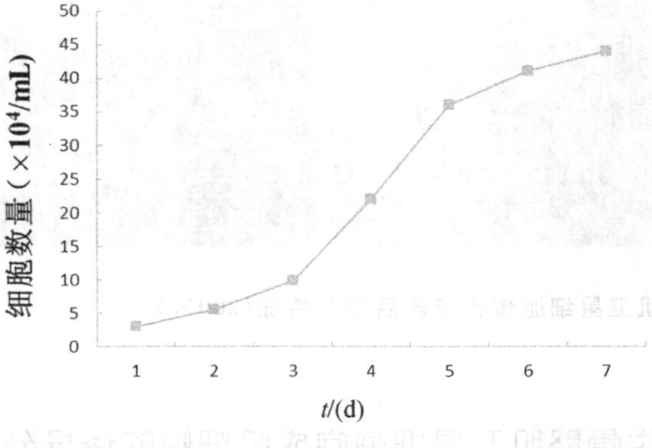

图 8-4　牛骨骼肌卫星细胞生长曲线图

8.4 讨论

8.4.1 牛原代骨骼肌卫星细胞分离提取方法

正是由于骨骼肌卫星细胞位置存在于骨骼肌肌肉组织纤维的基底膜和肌膜两者中间，且两者间的骨骼肌卫星细胞紧密地连接在一起，这样的组织结构使得一般的消化性酶类并不能够完全消化肌肉组织从而使细胞分离出来。细胞分离提取的关键在于，利用适宜的消化性酶类使肌肉组织充分松解，进而使得骨骼肌卫星细胞分离成单个细胞。针对不同种属动物有机体的骨骼肌卫星细胞的分离提取，所使用的胶原酶的类型及消化的方法体系存在不同。胶原酶有着其独特的消化优势，它可以消化掉细胞间质结构，但却不会影响到上皮细胞的活性。正因为它的这种功能特性，所以可用其在保证上皮细胞和胶原成分分离开来而且不会受到损伤的基础上，来消化上皮组织和分离肌纤维组织以及癌组织。起先，不同种属的骨骼肌卫星细胞的分离提取方法参照 Bischoff 在 1974 年建立起的方案体系（Bischoff，1974）。随后，Doumit 和 Merkel 在 1992 年共同建立起了骨骼肌卫星细胞分离提取与体外扩增培养的方法体系（Doumit and Merkel ，1992）。尽管这个骨骼肌卫星细胞分离提取与培养的方案体系适用于多种不同物种，但是具体操作时的条件要求也不尽相同。

此外，骨骼肌卫星细胞提取与体外扩增培养的方法随着生物学技术的发展也在不断地更新、完善。因此，实验方法的进步将加速推进关于利用卫星细胞模型去阐述骨骼肌肌肉生长发育分子机理的研究。现如今，有两种常用的实验方法去提取骨骼肌卫星细胞。第一种是首先用眼科剪剔除肌肉组织间和肌纤维间的结缔组织等，然后用酶进行消化并反复不断地剪碎组织块，使单个细胞分离出来。尽管此种方法会造成异质细胞的污染，但是也不失为一种经典且高效的获取骨骼肌卫星细胞的方法体系（李方华等，2010）。第二种方法是提取单根的肌纤维组织，它含有相对较纯的肌肉卫星细胞，并且此种方法已经被成功地用于大鼠的肌肉卫星细胞研究中，以及小鼠和人类的肌肉卫星细胞研究（刘月光等，2011）。在本研究中，我们采用了 0.1%的Ⅰ型胶原酶和 0.25%的胰蛋白酶共同联合使用的两步酶消化法成功地分离提取获得了牛原代骨骼肌卫星细胞，分离提取出来的骨骼肌卫星细胞生长发育状态较好，其生长方式特征和形态特点结构一致。

通过分离各种类型组织并对其进行原代培养，是特殊功能细胞培养开始的第一个,同时也是最重要的一个阶段。若在这一阶段细胞丢失了,则是不可补救的。不同种类的细胞应采用相应的技术方法。总之,胰蛋白酶的效果比胶原酶作用效果要强得多,胶原酶不能解离掉上皮细胞结构,利用这一特性可使上皮细胞与间质细胞分离。机械法比胶原酶消化法快,但对细胞损伤大。最好的办法是分别适用各种方法,选择最好的途径。若均无效,可加用其他酶类,如链霉蛋白酶、裂解酶和脱氧核糖核酸酶(王轶敏等,2014)。

8.4.2 牛原代骨骼肌卫星细胞的纯化

在原代骨骼肌卫星细胞分离提取的一系列操作进程中,在肌肉组织中含有的成纤维细胞为主要影响肌肉卫星细胞纯度和生长状况的异质源细胞,他们两者间存在着激烈的竞争关系,互相竞争培养液中的营养物质成分,此消彼长。因此,怎样更好地除去混杂在肌细胞中的成纤维细胞成为原代细胞纯化方法改进的关键所在(Syverud et al.,2014)。现在,依赖于高级设备仪器进行细胞纯化操作的流式细胞分选技术、免疫磁珠分选操作技术和平面黏附分离法等技术方法体系可获取高纯度的骨骼肌卫星细胞,但是由于设备条件的限制,这些方法并没有得到广泛的应用(蒋学友等,2015)。

本研究所采用的酶消化法和反复贴壁法相结合的方法能够高效且经济地获取纯度较高的所需骨骼肌卫星细胞。因为在原代细胞培养中大部分的成纤维细胞贴壁速度快于骨骼肌卫星细胞且贴壁的牢固程度远比不上骨骼肌卫星细胞。在原代细胞培养30min后,大量成纤维细胞已经贴壁,且只有少数骨骼肌卫星细胞开始贴壁,轻轻晃动培养瓶,骨骼肌卫星细胞即可漂浮起来呈悬浮状态,从而使骨骼肌卫星细胞与成纤维细胞分离开来,最终达到纯化的目的。

8.4.3 牛原代骨骼肌卫星细胞的传代培养

首次骨骼肌卫星细胞传代培养就体现了培养物的一次非常重要的转变,需要进行传代培养就表明了原代培养物已增殖并且占据所有可利用的基质资源。因此,细胞已增殖是其重要特征。原代的细胞培养物一旦经过了传代培养,就可以称之为细胞系了。第一次传代培养后获得第二代培养物,之后是第三代培养物,以此类推。培养寿命有限的细胞系被称为有限细胞系,它表现为很好的再生状态,它们增殖的代数有限,通常经过20~80次的细胞倍增而死亡(Lee et al., 2011)。本研究所采用的骨骼肌卫星细胞在传代培养至第十代时,细胞的生长状态就开始变得较差,没有继续进行传代培养。

正常细胞生长至彼此混合时,就需要传代了。培养基的耗尽通常表明需要更换培养基,但是如果pH降得过快,培养基需要更频繁地更换,这时也许细胞需要传代了,注意pH突然下降也可能是污染所致。若到了适合的时间细胞还没有达到足够高的密度,那么应增加接种密度,相反,若细胞很快彼此汇合,那么降低接种密度。一旦这一常规程序建立起来,对于一定的接种密度,培养时间和细胞产量每次周期性生长是一致的。偏离这一模式意味着细胞偏离正常生长条件或表明细胞已衰退。理想条件下的细胞浓度是能够使得细胞每3～4d更换一次培养基,每7d传代一次。本研究中,细胞根据1∶2的比率进行传代,每隔3d更换一次培养基,每6d进行一次传代培养,符合理想的细胞浓度培养条件(McFarland et al., 2007)。

8.4.4 牛原代骨骼肌卫星细胞的冷冻保存与复苏

为了使得骨骼肌卫星细胞复苏时的存活率较高且状态良好,对其最优的冷冻方式是进行缓慢冷冻,这样就可以让细胞内的水分充分且完全地离开细胞,但同时又不能冷冻得太过缓慢,太慢的话就会有冰晶的产生,并且需要在尽可能低的温度条件下保存骨骼肌卫星细胞。当贮存细胞时采用细胞浓度较高的细胞悬液时,骨骼肌卫星细胞复苏后其存活率就会变得更高。细胞悬液在加入细胞保护剂甘油或二甲基亚砜(DMSO)后进行冷冻。两者中,DMSO更有效果(Hayakawa et al., 2010),原因是其穿透细胞的能力较甘油强,使用的浓度范围在5%～15%之间,但常用的浓度为7.5%或10%。有些其他的细胞保护剂也在被使用,如聚乙烯吡咯烷酮(PVP)和聚乙二醇(PEG),但是相比较来看,DMSO和甘油能够广泛被使用并被广泛地接受。现如今很多实验室将冷冻保存液中的胎牛血清的浓度增加至40%、50%甚至是100%,以此来增强对细胞的保护作用(Bian et al., 2013)。本研究采用10% DMSO、40%胎牛血清作为骨骼肌卫星细胞的冷冻保护液,并使用温度梯度对细胞进行冻存。

在需要时,可将冻存的细胞进行复苏操作,接种的时候要保证细胞有足够高的浓度,以此可以达到相对较高的细胞存活率。复苏操作的过程要尽可能地快,以此来减少升温过程中细胞内冰晶的生成。复苏后要缓慢地对细胞悬液进行稀释,因为DMSO过快稀释会破坏细胞的渗透压,对细胞造成严重的伤害。骨骼肌卫星细胞是贴壁培养生长的细胞,因此复苏后不需要进行离心，只需要次日待骨骼肌卫星细胞贴壁后更换培养液以去除DMSO即可。

8.4.5 牛骨骼肌卫星细胞的诱导分化

骨骼肌卫星细胞是具有增殖分化潜力的生肌性肌源干细胞，骨骼肌卫星细胞除了具有增殖分化、融合形成肌管再逐步成熟形成肌纤维的能力外，还有分化形成脂肪细胞与成骨细胞的能力（Uezumi et al.，2010）。骨骼肌卫星细胞不但与动物出生后骨骼肌的发育（肌纤维的肥大增粗及肌肉损伤后的修复）密切相关，并且可以转化为脂肪细胞来提高肌内脂肪含量，进而提高肌肉品质。

细胞培养基里面含有骨骼肌卫星细胞生长所必需的营养类物质成分，并且可以对细胞生长发育过程中的增殖和分化阶段产生关键性的影响作用，使用的分化培养基含量和成分的不同，就可以使得骨骼肌卫星细胞向不同的方向进行分化（Harding and Velleman，2016）。比如说，细胞培养基中血清含量的大小对骨骼肌卫星细胞的增殖、分化起不同的影响作用，血清含量较高的培养基可以促进骨骼肌卫星细胞的快速增殖，血清含量较低的培养基能够促进骨骼肌卫星细胞的分化进程。本研究中使用的生长培养基中含有20%的胎牛血清，能够成功促进牛骨骼肌卫星细胞的增殖进程；使用的分化培养基只含有2%的马血清，如此能够成功将牛骨骼肌卫星细胞诱导分化为肌管。

8.4.6 牛骨骼肌卫星细胞生长曲线

细胞在经过传代培养后，会呈现出延迟期、指数或对数期和静止期（平台期）所特有的生长增殖的形式，标准的细胞生长曲线近似于“S”形。对数期和平台期能提供细胞系的重要信息，而指数生长期可给出它们的群体倍增时间（PDT），平台期给出细胞最大密度（即饱和密度）。PDT的测定可用于细胞对不同的抑制因子或刺激性培养条件，如不同营养浓度、激素作用或有毒药物反应性的定量研究。对于细胞的连续传代培养也是一种良好的监视指标，它能清楚计数细胞产量多少，以及传代时所需的稀释度大小（Hang et al.，2006）。

如果不知道生长曲线的形状，用单个时间点来监测生长是不能令人满意的。比如说5d后细胞数的减少可以由某些或所有细胞生长率下降所引起，较长的延迟期表明为适应性的变化或者是细胞的丢失（两者之间很难区分），或者意味着饱和密度的降低，但这不能说明生长曲线没有价值。细胞生长曲线的绘制对于测试培养基、血清、生长因子和某些药物是否处于合适条件下是非常有用的。

8.5　本章小结

本阶段的研究采用0.1％的Ⅰ型胶原酶和0.25％的胰蛋白酶联合使用的两步酶消化法成功分离并提取出牛原代骨骼肌卫星细胞，建立起了牛原代骨骼肌卫星细胞分离与提取的方法体系。并在体外成功培养了骨骼肌卫星细胞，通过绘制细胞生长曲线发现细胞生长状态较好。也成功对其进行纯化、冷冻保存与复苏以及相应的诱导分化，细胞在传代至第3～4代时纯度高，且传代培养后和细胞复苏后的细胞生物学特性稳定，而且，经诱导分化后的骨骼肌卫星细胞具有良好的形成肌管的能力，以此建立起了细胞模型，为之后阶段的实验操作打下良好的基础。

第9章　牛骨骼肌卫星细胞的鉴定

9.1　实验材料

9.1.1　实验对象

第8章中分离提取出的，并经过纯化后的牛骨骼肌卫星细胞。

9.1.2　实验试剂

琼脂糖购自 Biowest Agarose；Tris-Base、BSA、山羊血清均购自北京鼎国昌盛生物技术有限责任公司；

Triton X-100、多聚甲醛、DAPI 购自 Sigma Aldrich 中国；

Desmin 抗体（鼠抗牛多克隆抗体）、MyoD 抗体（鼠抗牛多克隆抗体）、FITC 抗体（山羊抗小鼠标记二抗）购自武汉三鹰生物技术有限公司。

9.1.3　实验仪器与耗材

免疫荧光显微镜：上海长方光学仪器有限公司 CFM-200E；

电泳仪、水平电泳槽：北京君意东方电泳设备有限公司；

紫外分光光度计：上海翱艺仪器 UV-1200 型紫外可见分光光度计；

一般 PCR 扩增仪：Tian Long PCR Thermal Cycler；

凝胶成像系统：上海天能科技 Tanon 1600 全自动数码凝胶成像系统。

9.1.4　实验用主要试剂溶液的配制

(1)1000mL 4%多聚甲醛的制备

由于多聚甲醛固体在室温条件下比较难以充分溶解，所以可以采用以下的配制方式：首先称量 40g 的多聚甲醛，并将其加入到约 400mL 蒸馏水中置于磁力搅拌器上，一边加热一边进行搅拌，搅拌至多聚甲醛完全且充分被溶解；此时再加入0.2M的PBS 500mL，充分混匀，待溶液冷却下来以后用滤纸进行过滤操作，而后再用蒸馏水在容量瓶内将其精确定容至1000mL体积大小。pH值调至7.2～7.4。已经配好的4%多聚甲醛溶液须用封口膜密封好后，放于4℃冰箱中保存以备使用。

放置时间太长的4%多聚甲醛溶液对细胞的固定效应就会降低，应该现用现配；多聚甲醛的固体颗粒须保存在4℃的外部环境条件下，而且配制成的液体更加要保存在4℃条件下。在使用其对细胞爬片进行固定的时候，温度低一点的话，其固定效果就会更加好。

(2)0.1% Triton X-100的制备

0.1mL的Triton X-100原液加入100mL的0.01M，pH为7.2～7.4的PBS中振荡摇匀即可。

Triton X-100对细胞有不好的影响，故宜用0.1% Triton X-100在4℃的条件下处理骨骼肌卫星细胞，处理完后用PBS洗，切忌干燥；0.1% Triton X-100即可将细胞膜破坏。

(3)1% BSA的制备

称取1g BSA溶解于100mL 0.01mol/L PBS中，4℃保存备用。

(4)50×TAE溶液的制备

分别称取24.2g Tris-Base，3.72g $Na_2EDTA \cdot 2H_2O$，醋酸5.71mL，先加入80mL去离子水进行充分的搅拌溶解，并使其完全混合均匀，再将其严格定容至100mL摇匀，于冰箱4℃冷藏室中保存备用。

(5)1%～2%琼脂糖凝胶的制备

称取1～2g琼脂糖粉末，溶解于100mL 1×TAE中。

9.2 实验方法

9.2.1 细胞免疫荧光染色鉴定牛骨骼肌卫星细胞表面标志的表达

第1d：

(1)在细胞培养用的6孔板(培养皿也可)中将已在玻片上生长增殖好的细胞用PBS溶液彻底清洗3次，洗去培养液，每次清洗3min时间或更长；

(2)室温条件下，用提前经－20℃冰箱预冷过的4%多聚甲醛溶液固定细胞爬片15～30min，再用PBS缓冲液充分浸洗细胞玻片3次，每次3min

左右时间；

(3)0.1% Triton X—100 室温孵育通透细胞 20min；

(4)PBS 缓冲液充分浸洗细胞玻片 3 次，每次 3min 左右的时间，吸水纸吸除干净 PBS 溶液，然后在细胞玻片上滴加正常山羊血清，充分盖住细胞玻片，室温封闭 30min；

(5)用吸水纸吸收去除干净封闭液，不用再次洗涤，然后将每张玻片上滴加足够量的已经稀释好的一抗，使一抗溶液完全浸没住细胞玻片区域，并将其放入暗盒内避光后置于 4℃冰箱内部，孵育过夜；

第 2d：

(6)加荧光二抗：用 PBST 溶液浸洗已经一抗孵育后的细胞爬片 3 次，每次 3min 时间，吸水纸吸出干净细胞爬片上多余残留的 PBST 溶液后再滴加已经稀释好的荧光二抗溶液，也要完全浸没细胞爬片，置于暗盒中在室温条件下将其孵育 1h 或更长时间，然后再用 PBST 浸洗细胞爬片 3 次，每次清洗 3min 左右；从开始加入荧光标记二抗起始，后续所有的实验操作步骤均应该在较暗处进行。

(7)复染核：滴加 DAPI 避光孵育 5min，对标本进行染核，PBST 5min×4 次洗去多余的 DAPI；

(8)用吸水纸吸出干净细胞爬片上残余的 PBST 溶液，用含抗荧光淬灭剂的封片液对细胞爬片进行封片操作，然后在荧光显微镜下观察并采集所需图像保存。

9.2.2 细胞总 RNA 提取

选用经过纯化后且生长发育状态良好的第 4、第 5 和第 6 代细胞为研究对象，分别提取其细胞总 RNA。所用的实验器具均须用 0.1% DEPC 水提前浸泡过夜，并经过高压蒸汽灭菌后烘干备用，防止 RNA 酶对总 RNA 的降解。实验前需打开低温高速离心机设置 4℃条件下预冷，制冰，并用 75%酒精擦拭干净移液枪、离心管架和操作台的桌面。

(1)当骨骼肌卫星细胞增殖生长融合至 80%状态时，用经 4℃预冷过的 PBS 缓冲液洗涤细胞两次以洗去培养液；

(2)按照 $10cm^2$ 的贴壁培养细胞加入 1mL Trizol 的大小比例，加入 Trizol 后，吹打吹落细胞并收集细胞，将其分装于 1.5mL EP 管里，每个 EP 管内为 1mL 细胞悬液，室温条件下放置 5min 的时间，使得细胞裂解完全。样本体积不能超过 Trizol 体积的 1/10；

(3)加入 200μL 氯仿($CHCl_3$)，剧烈震荡 15s，室温放置 3min。若氯仿

抽提不彻底，可加 200μL 氯仿重复进行抽提；

(4)12000rpm，4℃离心 15min，吸上层无色水相 500μL；

(5)加入 500μL 异丙醇，轻轻地上下颠倒 EP 管，充分保证混匀，放在冰盒里 10min 的时间；

(6)12000rpm 的转速，4℃离心 10min，此时肉眼就可见 RNA 沉淀，小心弃去或者吸除干净上清液，尽量吸净残余的异丙醇，防止其影响后续操作；

(7)加 75%酒精 1mL，颠倒混匀，7500rpm，4℃离心 5min 后弃上清；

(8)将 EP 管轻轻倒扣在无 RNA 裂解酶的吸水纸张上，室温条件下温和干燥 5～7min；

(9)待 RNA 略干，视 RNA 沉淀量加入 20～50μL DEPC 水，以充分溶解 RNA；

(10)紫外分光光度计测量 RNA 浓度。

当在细胞中加入 Trizol 裂解液后放入液氮或－80℃冰箱内可以放置最多 6 个月的时间。

9.2.3　反转录

(1)去除基因组 DNA

冰上配置 10μL 反应体系：5×gDNA Eraser Buffer 2μL，gDNA Eraser 1μL，Total RNA 2μL，RNase Free dH_2O 5μL，混合均匀，于 42℃条件下水浴 2min，然后置于 4℃备用。

(2)反转录反应

取步骤(1)的反应液 10μL，PrimeScriptRT Enzyme Mix I 1μL，RT Primer Mix 1μL，5×PrimeScript Buffer 2 (for real Time) 4μL，RNase Free dH_2O 4μL，配成 20μL 的反应体系。反应程序为：首先 37℃ 15min，然后 85℃ 5s，最后 4℃保存。

cDNA 保存于－20℃或－80℃或更低温。当在同时需要进行数个次数反应时，应提前先配制好各种试剂的混合反应液(Master Mix：其中包括 RNase-Free H_2O、Buffer、酶等)，然后再分装到每个小的 EP 反应管中。这样可使所取得的试剂体积更加准确，减少试剂的损失，同时也可以减少实验操作或实验之间的误差。

9.2.4 常规 PCR

本实验的 PCR 反应体系为：cDNA 模板 1μL，2×Power Taq PCR MasterMix 10μL，上下游引物各 1μL，加入 7μL 的双蒸去离子水至总反应体系为 20μL。PCR 扩增程序为：94℃预变性 4min，94℃变性 30s，退火 30s，72℃延伸 30s，这一步骤设定 39 个循环，最后 72℃延伸 10min，然后 4℃保存。每对引物的最佳退火温度经过梯度 PCR 摸索条件并优化后如表 9-1 所示。

表 9-1 RT-PCR 检测用引物

基因	引物序列(5′—3′)	退火温度(℃)	片段大小(bp)
GAPDH	F：CACCCTCAAGATTGTCAGC	58	98
	R：TAAGTCCCTCCACGATGC		
Desmin	F：CGCTTCGCCAACTACATCG	59	267
	R：GTCCTCCGCTTCTTCTTTCAG		
Pax7	F：GCGAGAAGAAAGCCAAGCA	59	267
	R：GGCGGTTACTGAACCAGACC		
Myf5	F：ACCACGACCAACCCTAAC	56	103
	R：TTTCCACCTGTTCCCTAA		
MyoD	F：TTCTATGATGACCCGTGTTTCG	58	117
	R：TGCAGGGAAGTGCGAGTGTT		
MyoG	F：AGCGCACTGGAGTTTGGC	58	93
	R：CACGATGGAGGTGAGGGA		
myosin	F：AGACCTGCGGGACACTTT	58	145
	R：AGGGTCGGCACCTTTGAG		

9.2.5 琼脂糖凝胶电泳检测牛骨骼肌卫星细胞表面标志的表达

取 PCR 扩增产物体积 5μL，并用 2%浓度大小的琼脂糖凝胶电泳分析检测，Goldview 染色，5V/cm 电泳 40min 左右，以 500bp DNA ladder 作为参照条带，在凝胶成像仪系统下观察并拍照保存。

9.3 结果

9.3.1 细胞免疫荧光染色鉴定牛骨骼肌卫星细胞表面标志的表达

利用细胞免疫荧光染色技术对分离提取出来的牛骨骼肌卫星细胞传代培养至第4代时进行细胞鉴定，结果显示出牛骨骼肌卫星细胞的表面标志物Desmin呈胞质阳性表达（图9-1A），MyoD呈胞核阳性表达（图9-1B）。

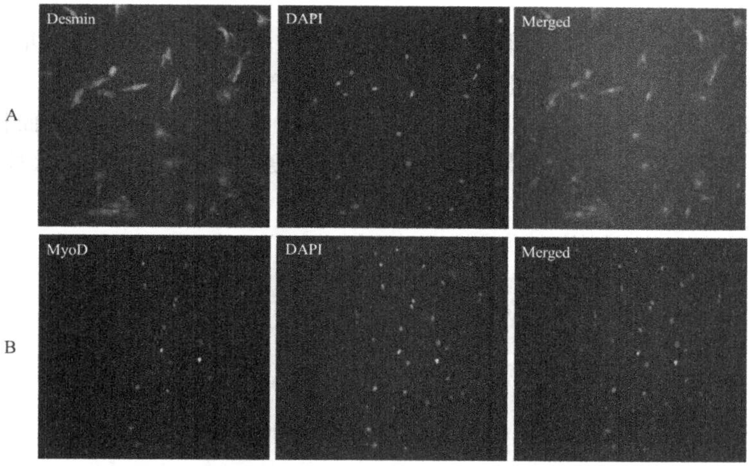

图9-1 牛骨骼肌卫星细胞免疫荧光染色鉴定（100×）

注：A的三张图片分别表示：Desmin在细胞质中呈阳性表达；应用DAPI对细胞核进行染色；两张图片叠加而成的图片。B的三张图片分别表示：MyoD在细胞核中呈阳性表达；应用DAPI对细胞核进行染色；两张图片叠加而成的图片。

9.3.2 反转录PCR检测牛骨骼肌卫星细胞表面标志的表达

采用TRIzol法提取处于增殖期阶段的骨骼肌卫星细胞和经诱导分化阶段后的肌管总RNA；按照反转录试剂盒详细操作说明进行cDNA的合成；以cDNA为模板，进行PCR扩增，检测牛骨骼肌卫星细胞处于增殖期的表面标志Desmin、Pax7、Myf5、MyoD以及内参GAPDH的定性表达情况，产物经2%浓度的琼脂糖凝胶电泳检测(图9-2)。

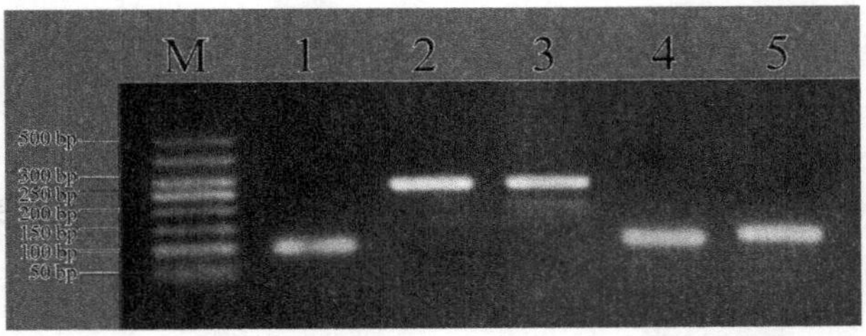

图9-2 细胞增殖期各标记基因均呈阳性表达

M: 50bp DNA Ladder; 1: GAPDH; 2: Desmin, 3: Pax7, 4: Myf5, 5: MyoD

结果显示Pax7表达水平明显高于MyoD,可能由于此时肌卫星细胞刚分离不久,大部分处于静止期,少部分进入了增殖期。

反转录PCR检测牛骨骼肌卫星细胞处于分化阶段时期的表面标志物MyoG和myosin的表达情况,产物经2%浓度的琼脂糖凝胶电泳检测(图9-3)。

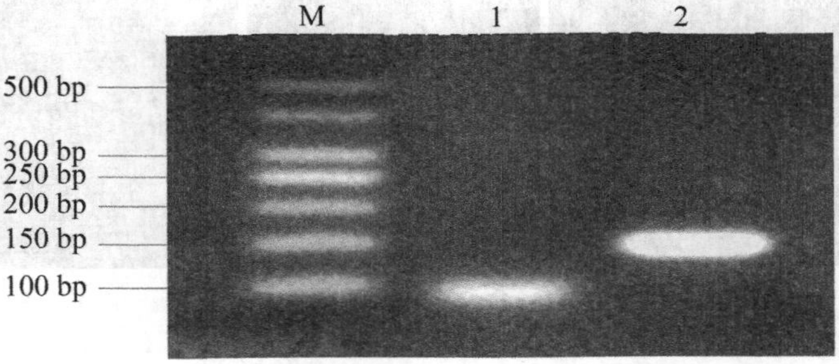

图9-3 细胞分化期标记基因呈阳性表达

M: 50bp DNA Ladder; 1: MyoG, 2: myosin

分析图片结果表明,细胞分化期的标记基因MyoG和myosin均呈阳性表达,这就说明我们提取分离出的骨骼肌卫星细胞具有很好的诱导成肌分化的能力。

9.4 讨论

9.4.1 牛骨骼肌卫星细胞的形态学鉴定

观察形态是辨认细胞最简单最直接的技术，但也有其相应的不足之处。这些不足多数与不同培养环境下的可塑性有关。例如，在单层汇合状态中心部位生长发育增殖的上皮细胞，它们的一般形态是较规则的，呈多角形的状态形式，而且可见边缘清晰且明确，但是同种类型的细胞生长在小块的边缘就会导致形态不规则，并且呈现伸开的状态。骨骼肌卫星细胞在分化进程中，首先会分化成为成肌细胞，随后成肌细胞开始有规则地朝着一个方向进行平行排列生长，相邻的骨骼肌卫星细胞间开始融合在一起，形成肌管，肌管则能够不断地接受其周围新生出的成肌细胞，或者其能够与相邻肌管相互融合反应而进一步生长发育增殖为肌原纤维，此时的细胞核则开始逐渐转靠向周边区域，最终形成成熟的肌纤维（Wang et al.，2015）。本研究中，能够观测到处于分化期的骨骼肌卫星细胞呈较为明显的平行分布，且具有一定的方向性，这样的排列方式与其在生物有机体内的排列方式相同。因此，也可根据细胞规则形态对骨骼肌卫星细胞进行相应的鉴定。

9.4.2 牛骨骼肌卫星细胞的抗原标记鉴定

骨骼肌卫星细胞增殖分化形成肌纤维的各个阶段有其特定表达的分子标记，可根据这些分子标记对各阶段的骨骼肌卫星细胞进行鉴定。现如今，尽管多种蛋白已经被证明可以用来鉴定骨骼肌卫星细胞，包括：Pax7、M-cadherin、Cxcr4、syndecan3/4 和 c-met，但是，Pax7 能够用于不同物种间的骨骼肌卫星细胞鉴定，是处于静止期和增殖初期的骨骼肌卫星细胞特异表达的转录调控因子（Feng et al.，2016）。研究发现处于静息状态下的骨骼肌卫星细胞在受到刺激或损伤因而被激活后，依次开始增殖分化，并逐步成熟形成骨骼肌纤维，在其经过了数次的分化后，Pax7 的表达就会因此而下降，然后细胞开始表达肌细胞生成素，最终相互融合形成多核的肌管。Desmin 是在骨骼肌卫星细胞表面最早表达的蛋白之一，也是国内外科研工作者用来鉴定骨骼肌卫星细胞比较常用的评判标准（Chen et al.，2006）。

本研究分别采用反转录 PCR 技术和免疫荧光染色技术对骨骼肌卫星细胞的标记基因进行测定，结果显示 Pax7 和 Desmin 等标记基因均呈阳性表达，这就表明分离提取出的细胞为我们需要的骨骼肌卫星细胞。

9.5 本章小结

本研究通过免疫细胞化学染色技术成功鉴定了第2章所分离提取的牛原代细胞为牛骨骼肌卫星细胞，牛骨骼肌卫星细胞表面标志 Desmin 呈胞质阳性表达，MyoD 呈胞核阳性表达，符合其标志物的表达特性。通过反转录 PCR 检测技术，根据琼脂糖凝胶电泳结果显示的 Pax7、Myf5 和 MyoD 等标记的亮度情况，表明经过传代培养后，牛骨骼肌卫星细胞在体外扩增培养仍能具有骨骼肌卫星细胞的特性。

第10章　CAPN1基因和CASP9基因在牛骨骼肌形成中mRNA表达特性分析

10.1　实验材料

10.1.1　实验对象

牛骨骼肌卫星细胞传代培养至第5代细胞。增殖培养阶段，汇合度为50%和80%状态的细胞；牛骨骼肌卫星细胞分化培养第1d、3d、5d、7d和15d的细胞；以及牛背最长肌肌肉组织样。

10.1.2　实验试剂

TRIzol购自Invitrogen公司；
反转录试剂购自TaKaRa公司；
PCR试剂购自北京鼎国生物技术有限公司；
DEPC水购自Sigma Aldrich中国；
氯仿、异丙醇、无水乙醇均购自北京市德恩化学试剂有限公司。

10.1.3　实验仪器与耗材

低温高速离心机：Thermo Scientific Multifuge X1R高速离心机；
荧光定量PCR仪：Bio-Rad CFX Connect™荧光定量PCR检测系统；
掌上离心机：上海赛伯乐仪器有限公司；
无RNA酶枪头、200μL和1.5mL灭酶EP管：invitrogen™。

10.2 实验方法

10.2.1 引物设计与条件优化

(1)引物设计

应用 Primer Premier 5.0 引物设计软件程序，并根据牛钙蛋白酶系统成员：CAPN1、CAPN3，半胱天冬酶系统成员：CASP3、CASP7、CASP9，以及肌肉调节因子基因家族成员：Myf5、MyoD、MyoG、MDFIC 和内参 GAPDH 基因在 Genebank 上公布的 mRNA 序列，设计所需荧光定量 PCR 引物序列(华大基因合成)，引物名称、上下游引物序列、产物长度和 Tm 值的详细信息见表 10-1。

表 10-1 荧光定量 PCR 引物序列

基因	引物序列(5′—3′)	退火温度(℃)	片段大小(bp)
GAPDH	F：CACCCTCAAGATTGTCAGC	58	98
	R：TAAGTCCCTCCACGATGC		
CAPN1	F：CCCTCAATGACACCCTCC	57	109
	R：TCCACCCACTCACCAAACT		
CAPN3	F：ATGGAGACTGGGTGGACG	58	89
	R：CTCATTGCGATGGTTGGA		
CASP3	F：GTTCATCCAGGCTCTTTG	56	97
	R：TTCTATTGCTACCTTTCG		
CASP7	F：GAATGGGTGTCCGCAACG	58	106
	R：TTGGCACAAGAGCAGTCGTT		
CASP9	F：CGCCACCATCTTCTCCCTG	60	84
	R：TCCAACGTCTCCTTCTCCTCC		
MyoG	F：AGCGCACTGGAGTTTGGC	60	93
	R：CACGATGGAGGTGAGGGA		
MyoD	F：TTCTATGATGACCCGTGTTTCG	60	117
	R：TGCAGGGAAGTGCGAGTGTT		

续　表

基因	引物序列(5′—3′)	退火温度(℃)	片段大小(bp)
Myf5	F：ACCACGACCAACCCTAAC	58	103
	R：TTTCCACCTGTTCCCTAA		
MDFIC	F：CAGAACCCAACCTCAGCG	58	111
	R：ATTCCATTGCCATTGCTC		

(2)引物稀释

首先，12000rpm 离心 2～3min，然后加入规定体积去离子水混匀。为了延长引物的保存时间，可以首先将其配制成 100μmol/L 浓度的储存液，在使用前再抽取储存液的一部分，然后按比例配制成浓度为 10μmol/L 的工作液，再将工作液分装到几个小的 EP 管中，振荡后瞬时离心，静置待用。

尚未进行稀释的引物干粉结构非常稳定，放置于冰箱－20℃条件下可保存长达 1 年的时间；储存液(100μmol/L)放置－20℃长期保存；工作液(10μmol/L)短期内(1～2 周)，4℃保存，长期保存需要放置于－20℃条件下。

10.2.2　实验总体注意事项

(1)用稀释的净化剂抹擦工作台；

(2)在实验样品准备和配制反应液的过程中应该勤换一次性 PE 手套；

(3)使用带滤芯的移液器枪头；

(4)勤用 75%的医用酒精来擦拭并清洁使用过的移液器；

(5)用带有旋盖的 1.5mL 的 EP 管来进行稀释和配制反应液的操作；

(6)先制备混合的反应液，样本应该有三个重复。

10.2.3　细胞总 RNA 提取

在无 RNase 环境，使用无 RNase 耗材，借助专用 RNase-free 工具，提取牛骨骼肌卫星细胞增殖培养阶段，汇合度为 50%和 80%状态的细胞；牛骨骼肌卫星细胞分化培养第 1d、3d、5d、7d 和 15d 的各阶段细胞总 RNA；以及牛背最长肌肌肉组织样的总 RNA，用分光光度计或者琼脂糖凝胶电泳检测其浓度，选择纯度高、完整性好的 RNA，保存备用。实验具体操作步骤同 10.2.2。

10.2.4 反转录

反转录实验具体操作步骤同 9.2.3。

进行反转录反应以及反应体系的优化，制作标准曲线和设定浓度区间，使用 mix 降低系统误差，并设置至少三次重复，以及设置空白和阴性对照，制备好均一的反应液和模板混合物。

10.2.5 荧光定量 PCR

梯度 PCR 优化退火温度，根据产物长度决定延伸时间，反应体系在 20～50μL 之间，确保扩增效率在 90%～110%之间，标准曲线 $R>0.99$ 或 $R^2>0.98$。

荧光定量 PCR 反应体系

cDNA 模板	2μL	94℃ 4min
上游引物(10μmol/L)	0.7μL	94℃ 30s 退火温度 30s 39 cycles
下游引物(10μmol/L)	0.7μL	72℃ 30s
2×SYBR Green PCR Premix HS Taq	13μL	72℃ 10min
H_2O(DNase free)	8.6μL	4℃ 0s

10.2.6 数据处理

相对定量分析方法，标记方法的选择——SYBR Green 法，一组标准样本比较的是两个或两个以上数量的样本里面，某一个基因的表达量的变化情况。其中的每一个样本均采用三个重复的反应孔，以此来保证数据统计的显著性。

相对定量分析方法采用——$2^{-\Delta\Delta Ct}$。公式如下：

$$F=2^{-[(\text{待测组目的基因平均Ct值}-\text{待测组内参基因平均Ct值})-(\text{对照组目的基因平均Ct值}-\text{对照组内参基因平均Ct值})]}$$

运用 SPSS Statistics 17 中的 Duncan 检验处理实验数据，对数据进行显著性分析，所有数据以“Mean±SEM”表示，当 $p<0.05$ 时表示差异显著，当 $p<0.01$ 时表示差异极显著。并用 Pearson 检验对数据进行相关性分析，当 $p<0.05$ 时表示显著相关。

10.3 结果

10.3.1 CAPN1基因在牛骨骼肌形成中mRNA的表达

在牛骨骼肌卫星细胞肌生成的过程中，CAPN1基因的表达量在细胞增殖时期，汇合度为50%到汇合度为80%的阶段里是在降低的，且差异显著($p<0.01$)。然而，CAPN1基因的表达量在细胞分化期内开始升高，一直增高直到在分化第3d达到最大值($p<0.01$)。从这之后，CAPN1基因的表达量开始持续性下降，但是细胞分化培养第5d的表达量与第7d($p=0.068$)和第7d与第15d($p=0.064$)的表达量情况相比较分析，均差异不显著。CAPN1基因在骨骼肌卫星细胞分化时期表达量的最大值(分化培养第3d)是其在细胞增殖期表达量最大值(增殖培养至50%汇合度)的1.5倍($p<0.01$)(图10-1)。相关性数据分析表明CAPN1基因在牛骨骼肌卫星细胞中的表达量情况与其在肌肉组织中的表达量情况无显著相关($p>0.05$)。

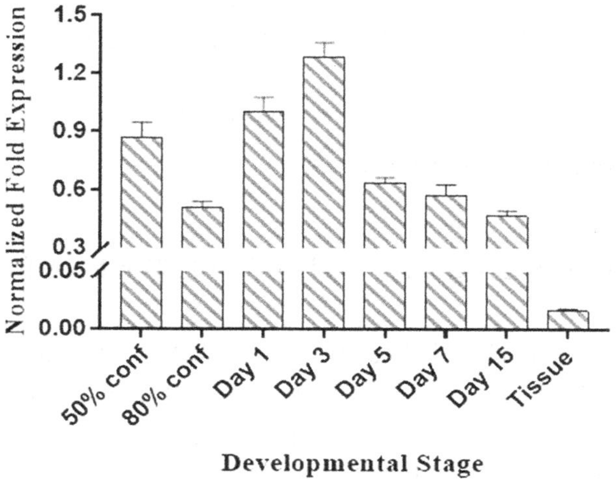

图10-1 CAPN1基因的mRNA表达情况

10.3.2 CAPN3 基因在牛骨骼肌形成中 mRNA 的表达

在骨骼肌卫星细胞分化培养第 3d 之前，CAPN3 基因的表达量情况很平稳($p>0.05$)，但当细胞分化培养至第 3d 时，CAPN3 基因的表达量有一个迅速且持续增长的时期($p<0.01$)，而且其在分化期第 15d 的表达量是其在增殖培养汇合度为 50%时期表达量的 15.7 倍($p<0.01$)(图 10-2)。相关性数据分析表明 CAPN3 基因在牛骨骼肌卫星细胞中的表达量情况与其在肌肉组织中的表达量情况无显著相关($p>0.05$)。

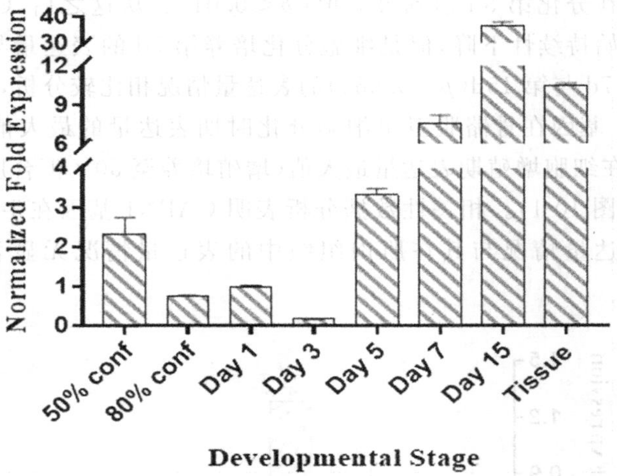

图 10-2 CAPN3 基因的 mRNA 表达情况

10.3.3 CASP3 基因在牛骨骼肌形成中 mRNA 的表达

与 CAPN3 基因的表达情况相比较来看，CASP3 基因的表达情况更多变些，当其在骨骼肌卫星细胞增殖期为 50%汇合度状态时，它的表达量达到了最大值。从此之后，CASP3 基因的表达就在细胞分化培养第 1d 和第 7d 时达到了两个低谷，且其在肌生成的过程中表达量差异均是极显著的($p<0.01$)。我们可以发现当细胞从增殖期汇合度为 50%生长发育到分化期第 15d 时，CASP3 基因的表达量有了 1.7 倍的增长($p<0.01$)(图 10-3)。相关性数据分析表明 CASP3 基因在牛骨骼肌卫星细胞中的表达量情况与其在肌肉组织中的表达量情况无显著相关($p>0.05$)。

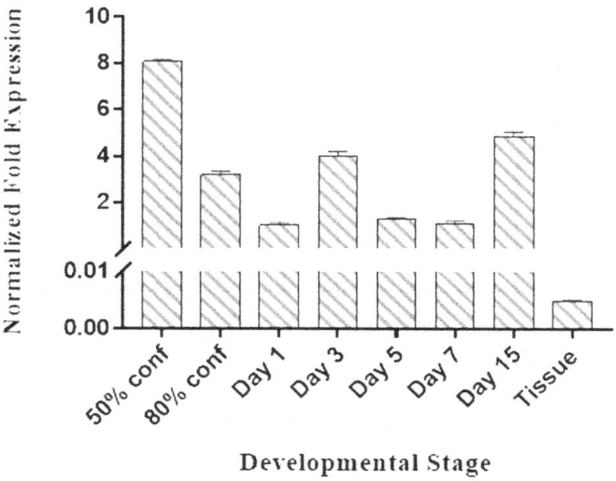

图 10-3 CASP3 基因的 mRNA 表达情况

10.3.4 CASP7 基因在牛骨骼肌形成中 mRNA 的表达

在牛骨骼肌卫星细胞增殖和分化时期内，CASP7 基因的表达量在细胞分化培养第 5d 之前一直处于很低的水平，然而之后急剧性增长并在第 7d 表达量达到最大值。分析结果显示 CASP7 基因在细胞分化期第 7d 的表达量是其在增殖期汇合度为 50%时的表达量的 4.7 倍($p<0.01$)(图 10-4)。相关性数据分析表明 CASP7 基因在牛骨骼肌卫星细胞中的表达量情况与其在肌肉组织中的表达量情况无显著相关($p>0.05$)。

10.3.5 CASP9 基因在牛骨骼肌形成中 mRNA 的表达

CASP9 基因的表达量在牛骨骼肌卫星细胞增殖期和分化期间内普遍处于较低的状态水平，它的表达量有两个下降的过程，一个是在细胞增殖期从 50%汇合度到 80%汇合度时，一个是在细胞分化期，分化培养第 5d 到第 7d 时。在细胞增殖期 50%汇合状态时的 CASP9 基因的表达量是其在分化期平均表达水平的 1.5 倍($p<0.05$)(图 10-5)。相关性数据分析表明 CASP9 基因在牛骨骼肌卫星细胞中的表达量情况与其在肌肉组织中的表达量情况无显著相关($p>0.05$)。

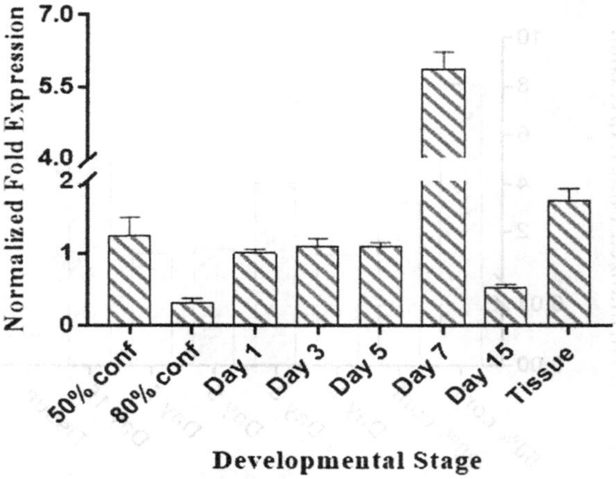

图 10-4　CASP7 基因的 mRNA 表达情况

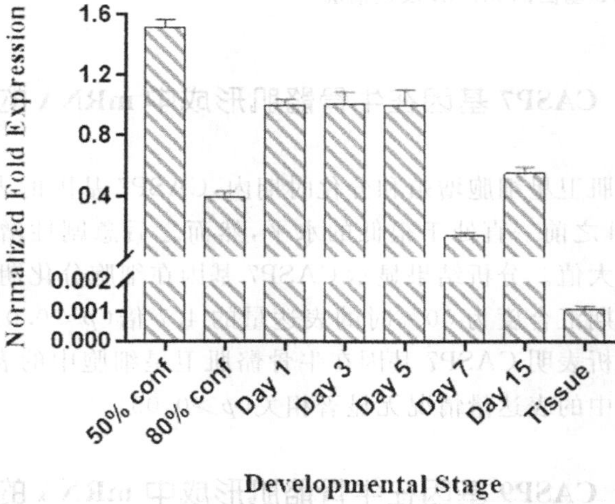

图 10-5　CASP9 基因的 mRNA 表达情况

10.3.6　肌肉调节因子基因家族在牛骨骼肌形成中 mRNA 的表达

Myf5 基因在牛骨骼肌卫星细胞增殖期的表达量情况普遍偏低，而其在分化期内的表达量都比较高，且分化期和增殖期的表达量差异极显著（$p<0.01$）。它在细胞分化培养第 15d 时的表达量最高，增长趋势呈现出先增高再降低随后持续增高的状态（图 10-6A）。MyoD 基因在牛骨骼肌卫星细

胞分化培养第3d时的表达量最高，其在增殖期以及在分化期第1d、5d和7d的表达量差异不显著($p>0.05$)(图10-6B)。

MyoG基因在细胞增殖期内为50%汇合度、80%汇合度以及细胞分化期第5d时的表达量较低，在分化期第5d以后，其表达量开始指数级的增长(图10-6C)。MDFIC基因的表达量趋势同MyoG相似，均是先增长再降低，最后再增长的趋势。其在细胞分化培养第3d时的表达量达到峰值，且增殖期的表达量情况均低于分化期(图10-6D)。相关性数据分析表明Myf5、MyoD、MyoG和MDFIC基因在牛骨骼肌卫星细胞中的表达量情况与其在肌肉组织中的表达量情况无显著相关($p>0.05$)。

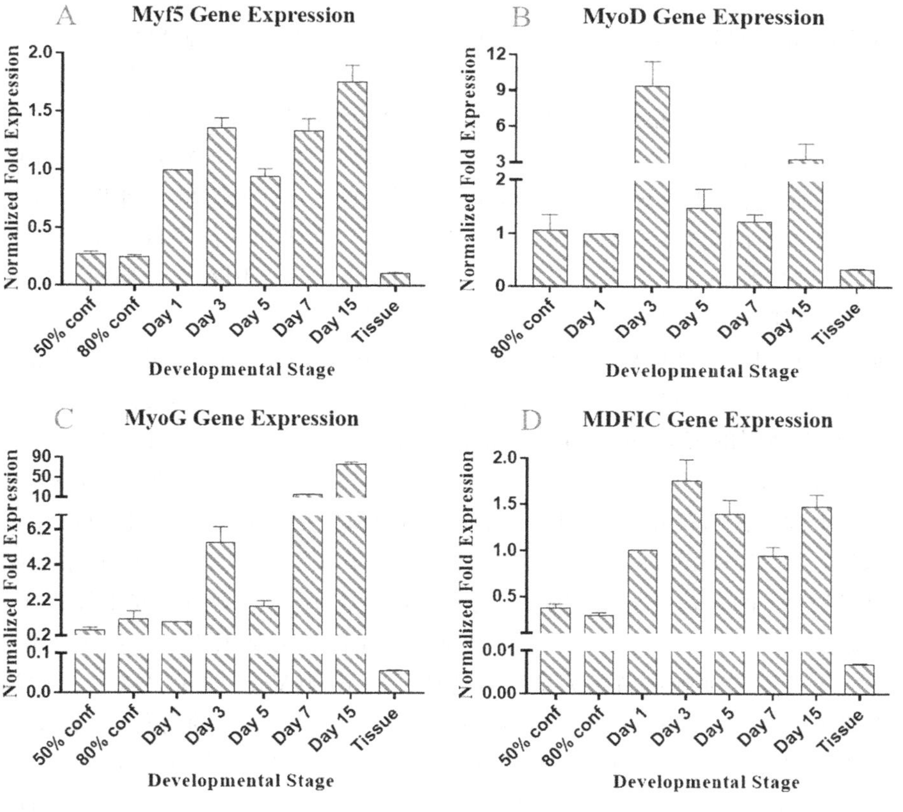

图10-6 肌肉调节因子家族各基因mRNA表达情况

10.4 讨论

钙蛋白酶系统和半胱天冬酶系统都参与了蛋白质降解和宰后肌肉中蛋白质水解的一系列复杂的进程，而且关于钙蛋白酶系统和半胱天冬酶系统各成员间的交流互作也已有很多报道(Barnoy and Kosower，2003；Talbert et al.，2003；Bizat et al.，2003；Yoneyama et al.，2009)。我们的研究致力于检测基因表达量情况和蛋白水解酶(钙蛋白酶系统和半胱天冬酶系统)在牛骨骼肌卫星细胞肌生成过程中的变化趋势，以及探讨它们在细胞凋亡过程中所扮演的分子机制。此外，我们还探究了各基因在细胞模型中的表达量情况与其在骨骼肌肌肉组织中的表达量情况是否具有一定的相关性。

在牛骨骼肌卫星细胞增殖、分化最终融合形成肌管的过程中，发生在其中的蛋白质转换以及结构的改变是一个复杂且没有完全被了解的进程机制。然而，已有很多证据表明钙蛋白酶系统在肌卫星细胞融合进程中扮演了极其重要的角色(Stuelsatz et al.，2010)。与这些和其他发现结果一致的是，我们在本研究中发现了CAPN1基因和CAPN3基因在牛骨骼肌卫星细胞从增殖阶段到分化阶段的进程中，其表达量均升高了($p<0.01$)，这也就证明了CAPN1和CAPN3在牛骨骼肌卫星细胞分化时期扮演的角色比增殖期更加重要。有研究表明，在使用动物活体模型的基础上，通过抑制小鼠CAPN1基因的表达，可以导致小鼠的血小板功能性障碍。然而，突变型小鼠表现出正常的生长状况(Matsunaga et al.，2009)，这就表明CAPN1基因的生理功能可能由于细胞类型和动物物种的不同而有所不同。Huttenlocher等(Huttenlocher et al.，1997)也发现了在中国仓鼠卵巢细胞系中抑制CAPN1的表达会导致细胞迁移过程受到抑制。在Ba的研究中发现了，当敲除了牛CAPN1基因后，将会引起其他迁移相关基因表达情况的下调，并且还会引起细胞增殖相关基因表达情况的下调(Van et al.，2013)。这就表明了，CAPN1基因不仅仅在细胞增殖调控中具有重要的身份，也在牛骨骼肌卫星细胞迁移进程中具有重要的地位。Dedieu等(Dedieu et al.，2002)报道了当同时抑制CAPN1基因和CAPN2基因在小鼠成肌细胞C2C12细胞系的表达后，会完全地妨碍细胞迁移以及细胞形成肌管的能力。同样的，Honda等(Honda et al.，2009)也发现了当抑制了CAPN2基因的表达后，会阻碍成肌细胞C2C12细胞系融合形成多核肌管。有研究表明当特异性地敲除牛骨骼肌卫星细胞CAPN1基因后会引起在细胞增殖期内细胞活性的下降，并最终导致细胞的死亡(Van et al.，2013)。

细胞凋亡或者细胞程序性的死亡是由半胱天冬酶家族所引起的。在现如今的研究中，为了确定是否 CAPN1 基因的敲除会降低增殖期细胞的活性，或者导致细胞死亡的原因是由于半胱天冬酶系统、HSPs 和其他基因，我们探寻了一切可能的机制。在最近的调查研究中发现，当抑制了韩牛 CAPN1 基因的表达时会同时引起细胞凋亡关键酶的活化，同时还发现了在 CAPN1 基因和半胱天冬酶系统之间具有一定的互作机制（Vaisid et al.，2005）。尽管它们之间确切的相互作用机制还尚不清楚，但是可以假设钙蛋白酶的活化可能上调或者下调半胱天冬酶的表达。Inho 等（Van et al.，2013）在研究中发现，当抑制了 CAPN1 基因的表达后就会引起细胞增殖、迁移以及细胞分化能力显著性降低，这就表明 CAPN1 基因在细胞增殖、细胞迁移和细胞分化中均有着极其重要的作用。并且探究了 CAPN1 基因的抑制能够引起细胞凋亡关键酶的活化，进而能够对通过半胱天冬酶引起细胞死亡的路径进行调控作用。

有关 CAPN3 在肉嫩化过程中的作用还尚不明确，因此在 1999 年 Parr 等（Parr et al.，1999）科学家并没有找到 CAPN3 基因 mRNA 表达量的富足跟宰后猪肉嫩化间的关联。此外，Koohmaraie 讨论并且争论了关于 CAPN3 在肌肉蛋白水解以及肉嫩化过程中的作用（Koohmaraie and Geesink，2006）。大概可能是钙蛋白酶抑制蛋白，内源性的钙蛋白酶抑制剂，是已经记录在册的对肉嫩化最有效果的钙蛋白酶系统成员。绵羊双肌臀基因表现型有很高的钙蛋白酶抑制蛋白的活动表达，这样就造成了宰后蛋白质水解的抑制以及肌肉嫩化作用水平的降低。另外，转基因小鼠过表达钙蛋白酶抑制蛋白亦可以引起宰后肌肉蛋白质水解程度的下调。Ciobanu 等（Ciobanu et al.，2004）发现猪钙蛋白酶抑制蛋白基因不同的单倍型特征与肉品质（嫩度和多汁性）相关联，这就进一步证明了钙蛋白酶系统在肉嫩化进程中的作用。在本研究中，CAPN1 基因 mRNA 的表达量从骨骼肌卫星细胞增殖期到分化期是在升高的。我们的结果与 Poussarda 在 1993 年（Poussard et al.，1993）以及 Theil 在 2006 年（Theil et al.，2006）的研究结果一致。

半胱天冬酶家族是参与细胞凋亡进程中蛋白质降解的一类蛋白酶，最近的研究调查显示，它们在骨骼肌肌肉细胞中表达，并且细胞凋亡也确实发生在骨骼肌肉组织中。在 Yang 等（Yang et al.，2012）人的一项研究调查中，CASP7 和 CASP9 基因的 mRNA 表达量从细胞增殖期到分化期是显著性升高的，而且 CASP3、CASP7、CASP8 和 CASP9 的蛋白表达水平也在增高，这就表明细胞凋亡现象确实发生在骨骼肌卫星细胞分化阶段。在这项研究中，CASP8 和 CASP9 扮演的是启动型半胱天冬酶，CASP3 和 CASP7

作为执行型半胱天冬酶，它们共同参与了肌肉细胞肌生成进程中大量细胞凋亡的路径。

无论是何种类型的肉用型动物物种，且无论运用多么高级的技术水平，动物屠宰的第一步都是将其放血。在动物放血后，所有细胞都处于一种缺氧状态，且没有任何的营养物质的供应。在此种情形下，单个细胞将会通过凋亡过程而逐渐死亡(Fry et al. ,2016)。细胞凋亡所引起的一系列死细胞中生物化学以及结构上的改变与宰后肌肉中发现的变化形式非常一致。半胱天冬酶能够在有机体病变引起的缺氧状态时很早地被激活。执行型半胱天冬酶能够被启动型半胱天冬酶的上调所激活，而且一旦被特有地激活后就会特异性地降解细胞骨架，最终造成细胞的解离(Kemp et al. ,2010)。Kemp 等(Kemp et al. ,2009)科研工作者们在 2009 年间和 2010 年间，调查研究了是否半胱天冬酶在羔羊背最长肌中的活性能够一直保持到其宰后的第 21d。CASP3 和 CASP7 的活性随着宰后储存期的延长而降低，CASP9 同它们情况一致，但 CASP9 的变化调节领先于 CASP3 和 CASP7。

10.5 本章小结

本研究中，我们将实验对象分为三个组，第一组是牛骨骼肌卫星细胞在增殖期汇合度为 50%和 80%状态时，第二组是牛骨骼肌卫星细胞在分化期经分化培养第 1d,3d,5d,7d 和 15d 时，第三组是牛骨骼肌肌肉组织。研究发现钙蛋白酶系统成员 CAPN1 和 CAPN3 以及半胱天冬酶系统成员 CASP3、CASP7 和 CASP9 均能够在牛骨骼肌卫星细胞中表达，并且在各阶段水平表达量情况各有不同，随着牛骨骼肌卫星细胞的增殖分化，它们的表达量均处于变化中，这就表明 CAPN1 基因和 CASP9 基因均在肌生成的进程中扮演着不可或缺的角色，但具体的作用机理以及它们之间的互作机制还尚待进一步探究。同时，我们通过相关性分析发现 CAPN1 基因和 CASP9 基因在骨骼肌卫星细胞中的表达量情况与其在骨骼肌肌肉组织的表达量情况无相关性，所以，我们认为骨骼肌卫星细胞生长发育的进程与宰后肌肉组织嫩化的进程不相关，并且这些基因的表达量变化并不能反映它们在肌肉组织中的变化情况。

第11章 CAPN1基因和CASP9基因mRNA表达与肌纤维性状相关性分析

11.1 实验材料

11.1.1 实验对象

本研究采用的鲁西黄牛均在河南省洛阳市伊众食品有限公司处采取，屠宰前禁食12～24h。采集背最长肌，一部分用于肌纤维性状的测定，另一部分浸泡在RNA保护液中，投入液氮中保存备用。实验分组：0.5～2岁、2～3.5岁、3.5～5岁、5～6.5岁和6.5～8岁共五个组，每组各4头进行相关实验。

11.1.2 实验试剂

甲醛、无水乙醇、95%乙醇、二甲苯、石蜡(有三种：石蜡Ⅰ(56～58℃)、石蜡Ⅱ(58～60℃)、石蜡Ⅲ(60～62℃))、苏木精、伊红、盐酸、中性树胶、多聚甲醛、无水硫酸钠、冰乙酸等。荧光定量PCR仪同10.1.3。

11.1.3 实验仪器与耗材

202-1型手摇式组织切片机：上海医械专机厂；

Sartorius BA210电子分析天平：Sartorius Olympus；

仪表恒温水浴锅：山东省龙口市电炉制造厂；

B×41型显微镜：Olympus显微镜；

包埋盒(铁盒、白盒)、电炉、载玻片、盖玻片、莱卡牌刀片、染色缸、破片架、缸子、镊子、小刀、毛笔、铅笔、铁丝、勺子、纱布、量筒、台秤等：洛阳博冠化验器材行；

荧光定量PCR仪同10.1.3。

11.1.4 实验用主要试剂溶液的配制

10%中性缓冲福尔马林配制方法：

用分析天平称取磷酸二氢钠 4g，磷酸氢二钠 6.5g，先加入 500mL 蒸馏水对其进行溶解，再加入 100mL 甲醛混合均匀，最后加蒸馏水定容至 1000mL。

11.2 实验方法

11.2.1 组织处理

取材：取 3～4 块约 1.2cm×1.0cm×0.5cm 大小的肌肉组织块，截面与肌纤维方向垂直，用纱布包裹，绳子的一头系着纱布口，另一头贴上标签并编号；固定：将组织块投入 4%中性多聚甲醛溶液中固定不低于 24h；修块：流水冲洗 12h，解开纱布将组织修成长为 0.5cm，宽 0.5cm，厚 0.3cm 的组织块，将组织块放入白色包埋盒标上号放在 70%酒精中短暂存放。

11.2.2 切片制作

(1)组织脱水与透明

脱水：70%酒精 30min；80%酒精 30min；95%酒精 30min；无水乙醇Ⅰ 30min；无水乙醇Ⅱ 30min；½无水乙醇＋½二甲苯 30min。

透明：二甲苯Ⅰ 30min；二甲苯Ⅱ 30min；½二甲苯＋½石蜡 30min。

浸蜡：石蜡Ⅰ 30min；石蜡Ⅱ透蜡 30min。

(2)组织包埋

用铁丝把铁盒放入已经熬好的石蜡中，再用镊子把组织放入铁盒中间(组织切面朝下)，将白盒卡放在铁盒上(保证铁盒完全浸入蜡中，使用水浴锅加热避免蜡凝固)。把铁盒用铁丝捞出，平放在桌面，用蜡浇灌几次，确保无气泡。等待石蜡完全彻底凝固后即可取出来以备使用。

(3)切片的染色

二甲苯Ⅰ 15min；二甲苯Ⅱ 15min；½无水乙醇＋½二甲苯 10min；无水乙醇Ⅰ 5min；无水乙醇Ⅱ 5min；95%酒精 2min；90%酒精 2min；80%酒精 2min；70%酒精 2min；蒸馏水冲洗 2min；苏木精染色 25min；流水冲洗

5min；0.5%～1%盐酸分化 5s；流水冲洗 15min；蒸馏水 2min；70%酒精中 2min；80%酒精中 2min；90%酒精 2min；伊红染色 60～90s；95%酒精Ⅰ 2min；95%酒精Ⅱ 2min；无水乙醇Ⅰ 5min；无水乙醇Ⅱ 5min；二甲苯Ⅰ 5min；二甲苯Ⅱ 5min；中性树胶封片。

11.2.3　观察拍照

将切片分别在 4×、10×、40×的光学显微镜下拍照，不同倍数下每张片子分别随机选取 3、7、3 个视野拍下。观察肌肉纤维的染色情况、细胞核的分布情况、纤维走向和纤维断面的性状，挑选出合格的组织切片。

11.2.4　肌纤维性状测量

照片用 Scion Image 图像分析操作软件进行数据处理和分析，先将数据图片上肌纤维横断面上间距最长的两点间的距离作为长轴，再将垂直于长轴中点的长度作为短轴标示，然后进行精确的测定并随后求出长、短轴各自的几何平均值，以此来算出每条肌纤维的直径大小并记录下数据。每个样本取出 10 张片子，每张片子需要各测总共 200 条的肌纤维，准确计算出其总体平均数的值当作这一独立样本的肌纤维直径大小并记录数据。

11.2.5　组织总 RNA 提取

实验具体操作步骤同 10.2.3。

11.2.6　荧光定量 PCR

实验具体操作步骤同 10.2.5。

11.2.7　数据处理

数据处理方法同 10.2.6。

11.3 结果

11.3.1 肌纤维性状测定

从表 11-1 中可以看出 0.5～2 岁年龄段的鲁西黄牛的肌纤维直径为(49.82±1.01)μm，而后随着鲁西黄牛年龄的增长，其肌纤维直径也显著增大，在 5.5～8 岁年龄段间达到了(60.11±0.75)μm。由此可见，随着鲁西黄牛年龄的增长，其肌纤维的直径大小也在显著的进行增长($p<0.05$)。

表 11-1 不同年龄鲁西黄牛肌纤维直径测定结果

肌纤维特性	0.5～2 岁	2～3.5 岁	3.5～5 岁	5～6.5 岁	6.5～8 岁
肌纤维直径(μm)	49.82 ± 1.01^{e}	51.97 ± 0.86^{d}	54.65 ± 0.82^{c}	57.44 ± 0.73^{b}	60.11 ± 0.75^{a}

注：同一行中不同肩标表示差异显著($p<0.05$)

11.3.2 不同年龄鲁西黄牛 CAPN1 基因 mRNA 表达的变化

从图 11-1 中可以得到 CAPN1 基因在不同年龄段的鲁西黄牛中 mRNA 表达量变化趋势，其随着鲁西黄牛年龄的增长，表达量起先是增加的，而后逐渐降低。在 2～3.5 岁年龄段间的表达量情况达到最大值，为 0.36，随后一直降低并在 6.5～8 岁年龄段间的表达量达到最低值，为 0.13。

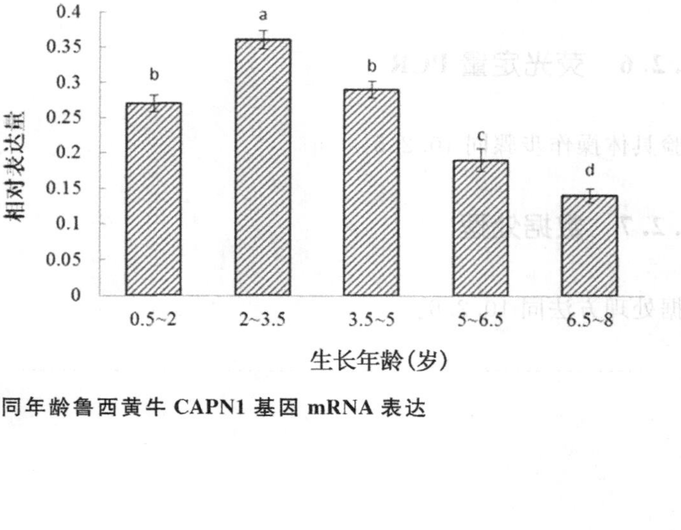

图 11-1 不同年龄鲁西黄牛 CAPN1 基因 mRNA 表达

11.3.3　不同年龄鲁西黄牛 CASP9 基因 mRNA 表达的变化

从图 11-2 中可以得到 CASP9 基因在不同年龄段的鲁西黄牛中 mRNA 表达量变化趋势，其随着鲁西黄牛年龄的增长，表达量的整体趋势是先增加，而后逐渐降低，随后再增加。

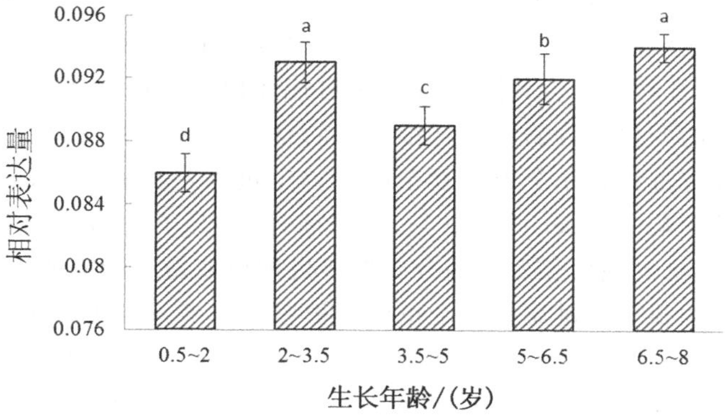

图 11-2　不同年龄鲁西黄牛 CASP9 基因 mRNA 表达

11.3.4　CAPN1 和 CASP9 基因 mRNA 表达与肌纤维性状相关性分析

鲁西黄牛 0.5～2 岁、2～3.5 岁、3.5～5 岁、5～6.5 岁和 6.5～8 岁共 5 个年龄段背最长肌中 CAPN1 基因和 CASP9 基因 mRNA 的表达与肌纤维性状之间的相关性分析见表 11-2，可以发现，CAPN1 基因 mRNA 的表达情况与肌纤维直径大小之间存在显著的负相关性($p<0.05$)，而 CASP9 基因 mRNA 的表达与肌纤维直径呈现正相关性，但不显著($p>0.05$)。

表 11-2　CAPN1 和 CASP9 基因 mRNA 表达与肌纤维性状相关性分析

指标	肌纤维直径
CAPN1 表达量	−0.672*
CASP9 表达量	0.324

注：* 表示显著相关($p<0.05$)

11.4 讨论

骨骼肌是动物有机体中非常重要的一个组成部分，而同时肌纤维又是骨骼肌肌肉组织中的主要结构构成成分，因此各有机体肌纤维性状间的异同是影响动物肉品质的关键因素所在。动物有机体的肌肉细胞在生长发育增殖逐渐形成肌纤维的一系列过程中，其肌纤维的类型特征并不是固定不变的，它们的性状特征会伴随着骨骼肌对代谢以及功能需求等条件的改变而发生相应的变化。骨骼肌肌纤维性状特征的改变与发展进程，以及骨骼肌的生长发育进程是一个极其复杂的生物学过程，受到许多未知和已知的调控因子的影响（Xue et al.，2012）。目前，随着分子生物学技术的迅猛发展，骨骼肌卫星细胞生长发育的分子遗传机理也取得了相应的进展，与骨骼肌生成相关的很多关键调控因子也已经被鉴定出来。科研工作者们在以往早期的研究调查中对于骨骼肌肌纤维的发现主要集中于其类型上的鉴定和其生理生化特征的分析上。而现如今，研究调查在不断地深入和全面普遍，对骨骼肌肌纤维形成的分子遗传机理的研究也有了长足的进展。

杨巧能等（杨巧能等，2016）在牦牛的年龄对牦牛肉肌纤维直径影响的研究中发现牦牛的肌纤维直径随着其年龄的增长而渐渐变粗。徐瑛（徐瑛，2014）在年龄对牦牛肉嫩度的影响研究中得出随着牦牛年龄的增长，其剪切力在不断地升高，而且其肌纤维直径也在不断地增大的结论。朱文奇（朱文奇，2014）在对不同胚龄且不同品种的两类鸭肌纤维发育的变化研究中表明，两个不同品种鸭的肌纤维直径大小以及肌纤维面积多少从低胚龄到高胚龄均呈现出持续增高的发展趋势。以上科研工作者的研究结果均与本研究的结果一致，随着鲁西黄牛年龄的增长，其肌纤维直径也在显著地增长（$p<0.05$）。

研究发现，钙蛋白酶系统成员是调控肌纤维蛋白降解的关键因子，且CAPN1与肌纤维生长发育密切相关。本研究采用实时荧光定量PCR操作技术对不同年龄阶段的鲁西黄牛的背最长肌中CAPN1的mRNA表达情况进行数据分析，并将其与肌纤维直径进行相关性分析，研究结果表明CAPN1基因在不同年龄段的鲁西黄牛中mRNA表达量随着鲁西黄牛年龄的增长，先是增加，而后逐渐降低。并且CAPN1基因mRNA的表达与肌纤维直径大小间存在显著负相关（$p<0.05$）。

动物在被宰杀后，其有机体内的肌肉细胞会处于一种缺氧的环境中，在这样的环境条件下，动物有机体会出现主动的细胞凋亡这种程序化的死亡进程。Huang 等(Huang et al.,2016)发现,畜禽屠宰后引起细胞凋亡的发生,而后 CASP9 就能够被相应地激活,并且其活性随着宰后时间的延长而降低,同时发现,其在细胞内的活性与畜禽屠宰后的剪切力呈负相关关系,这就表明细胞凋亡酶与肉的成熟和嫩化有关。本研究发现 CASP9 基因在不同年龄段的鲁西黄牛中 mRNA 表达量随着其年龄的增长,表达量的整体趋势是先增加,而后降低,随后再增加,而 CASP9 基因 mRNA 的表达情况特征与肌纤维直径大小呈正相关关系,但不显著($p>0.05$)。虽然已有大量的研究表明细胞凋亡关键酶对肌原纤维蛋白的降解有重要作用,但要彻底搞清楚其在肉嫩化中的分子调控机理还需要做更多的研究工作。

11.5 本章小结

本研究通过组织切片操作技术对处于不同年龄段的鲁西黄牛的肌纤维直径进行测定并分析数据,研究结果表明随着鲁西黄牛年龄地增长,其肌纤维直径大小也在显著性的增长。同时采用实时荧光定量 PCR 操作技术对不同年龄段的鲁西黄牛的背最长肌中 CAPN1 和 CASP9 的 mRNA 表达情况进行分析,并将其与肌纤维直径大小进行相关性分析,研究结果表明 CAPN1 基因 mRNA 的表达与肌纤维直径存在显著的负相关关系,而 CASP9 基因 mRNA 的表达与肌纤维直径大小虽然呈正相关关系,但不显著。

第12章 本篇结论

本项研究在建立起细胞模型的基础上进行相应的分子实验，探究CAPN1基因和CASP9基因在牛骨骼肌形成中的功能作用，在细胞水平以及肌肉组织水平进行阐述，所得结论如下。

（1）本研究成功地建立起牛原代骨骼肌卫星细胞分离与提取的方法体系，并在体外条件下成功地培养了骨骼肌卫星细胞，细胞生长状态较好，成功对其进行纯化、冷冻保存与复苏以及相应的诱导分化，细胞纯度高，且传代培养后和细胞复苏后的细胞生物学特性稳定，而且，经诱导分化后的骨骼肌卫星细胞具有良好的形成肌管的能力。

（2）本研究通过免疫细胞化学染色技术成功鉴定了牛骨骼肌卫星细胞，牛骨骼肌卫星细胞表面标志均呈阳性表达，符合其标志物的表达特性。通过反转录PCR检测技术，根据凝胶电泳结果显示其亮度情况，表明经过传代培养后，牛骨骼肌卫星细胞在体外扩增培养仍能具有骨骼肌卫星细胞的特性。

（3）本研究发现钙蛋白酶系统成员CAPN1和CAPN3以及半胱天冬酶系统成员CASP3、CASP7和CASP9均能够在牛骨骼肌卫星细胞中表达，并且它们的表达量情况各有不同，随着牛骨骼肌卫星细胞的增殖分化，它们的表达量均处于变化中，这就表明CAPN1基因和CASP9基因均在肌生成的进程中扮演着不可或缺的角色。同时，我们发现CAPN1基因和CASP9基因在骨骼肌卫星细胞中的表达量情况与其在骨骼肌肌肉组织的表达量情况无相关性，所以，我们认为骨骼肌卫星细胞生长发育的进程与宰后肌肉组织嫩化的进程不相关，并且这些基因的表达量变化并不能反映它们在肌肉组织中的变化情况。

（4）本研究通过组织切片技术对不同年龄段的鲁西黄牛的肌纤维直径进行测定分析，研究结果表明随着鲁西黄牛年龄的增长，其肌纤维直径也在显著地增长。同时采用实时荧光定量PCR操作技术对不同年龄段的鲁西黄牛的背最长肌中CAPN1和CASP9的mRNA表达情况进行分析，并将其与肌纤维直径进行相关性分析，研究结果表明CAPN1基因mRNA的表达与肌纤维直径存在显著负相关关系，而CASP9基因mRNA的表达与肌纤维直径呈正相关关系，但不显著。

本研究建立起牛骨骼肌卫星细胞分离和纯化的方法，建立起牛骨骼肌卫星细胞的体外扩增培养体系。获取了 CAPN1 基因和 CASP9 基因在牛骨骼肌生长发育过程中 mRNA 的表达规律及变化趋势，并获得了 CAPN1 基因和 CASP9 基因 mRNA 的表达与肌纤维直径间的关系，在理论上为阐明牛骨骼肌生长发育的分子机理和相关候选基因的网络调控机制提供重要的数据支撑。

参考文献

[1] Mauro A. Satellite cell of skeletal muscle fibers[J]. The Journal of biophysical and biochemical cytology, 1961, 9(2): 493—495.

[2] Syverud BC, Lee JD, VanDusen KW, et al. Isolation and Purification of Satellite Cells for Skeletal Muscle Tissue Engineering[J]. Journal of regenerative medicine, 2014, 3(2): 117.

[3] 李方华，侯玲玲，马月辉，等. 北京油鸡骨骼肌卫星细胞的分离、培养、鉴定及成肌诱导分化的研究[J]. 中国农业科学，2010，43(22)：4725—4731.

[4] 刘月光，史新娥，沈清武，等. 利用单根肌纤维法分离和培养猪骨骼肌卫星细胞及其成肌诱导分化[J]. 农业生物技术学报，2011，19(5)：856—863.

[5] Huff-Lonergan E, Lonergan SM. Mechanisms of water-holding capacity of meat: The role of postmortem biochemical and structural changes[J]. Meat Sci, 2005, 71(1): 194—204.

[6] Allbrook D. Skeletal muscle regeneration[J]. Muscle & nerve. 1981, 4(3): 234—245.

[7] Pollot BE, Rathbone CR, Wenke JC, et al. Natural polymeric hydrogel evaluation for skeletal muscle tissue engineering[J]. Journal of biomedical materials research Part B, Applied biomaterials, 2017.

[8] Singh DP, Barani Lonbani Z, Woodruff MA, et al. Effects of Topical Icing on Inflammation, Angiogenesis, Revascularization, and Myofiber Regeneration in Skeletal Muscle Following Contusion Injury[J]. Frontiers in physiology, 2017, 8: 93.

[9] Hinds S, Tyhovych N, Sistrunk C, et al. Improved tissue culture conditions for engineered skeletal muscle sheets[J]. TheScientificWorldJournal, 2013, 2013(5): 1—6.

[10] Hawke TJ, Garry DJ. Myogenic satellite cells: physiology to molecular biology[J]. Journal of applied physiology, 2001, 91(2): 534—551.

[11] Zammit PS, Partridge TA, Yablonka-Reuveni Z. The skeletal muscle satellite cell: the stem cell that came in from the cold[J]. The journal of histochemistry and cytochemistry : official journal of the Histochemistry Society, 2006, 54(11): 1177—1191.

[12] 高萍，朱晓彤，杨玉存，等. 甘氨酰谷氨酰胺对猪离体骨骼肌卫星细胞增殖和分泌 IGF-1 的影响[J]. 华南农业大学学报，2005，26(02)：100—102.

[13] 张蔚然，代阳，王铁敏，等. 碱性成纤维细胞生长因子对牛骨骼肌卫星细胞增殖的影响[J]. 中国畜牧兽医，2015，42(7)：1763—1769.

[14] Collins CA, Gnocchi VF, White RB, et al. Integrated functions of Pax3 and Pax7 in the regulation of proliferation, cell size and myogenic differentiation[J]. PloS one, 2009, 4(2): e4475.

[15] Li BJ, Li PH, Huang RH, et al. Isolation, Culture and Identification of Porcine Skeletal Muscle Satellite Cells[J]. Asian-Australasian journal of animal sciences, 2015, 28(8): 1171—1177.

[16] Dohrmann C, Gruss P, Lemaire L. Pax genes and the differentiation of hormone-producing endocrine cells in the pancreas[J]. Mechanisms of development, 2000, 92(1): 47—54.

[17] McCroskery S, Thomas M, Maxwell L, et al. Myostatin negatively regulates satellite cell activation and self-renewal[J]. The Journal of cell biology, 2003, 162(6): 1135—1147.

[18] 陈思凡，李文学，陈建玲，等. 大鼠骨骼肌卫星细胞的原代培养和鉴定[J]. 热带医学杂志，2011，11(4)：395—397.

[19] 乔鑫，王妍. 基于三维细胞培养的组织工程肿瘤研究进展[J]. 国际药学研究杂志，2014，41(1)：83—89.

[20] Garcia-Prat L, Munoz-Canoves P. Aging, metabolism and stem cells: Spotlight on muscle stem cells[J]. Molecular and cellular endocrinology, 2017, 445(5): 109—117.

[21] Kasper AM, Turner DC, Martin NR, et al. Mimicking exercise in three-dimensional bioengineered skeletal muscle to investigate cellular and molecular mechanisms of physiological adaptation[J]. 2017, 232(6): 1—14.

[22] Csete M, Walikonis J, Slawny N, et al. Oxygen-mediated regulation of skeletal muscle satellite cell proliferation and adipogenesis in culture[J]. Journal of cellular physiology, 2001, 189(2): 189—196.

[23] Van Ba H, Inho H. Significant role of mu-calpain (CANP1) in proliferation/survival of bovine skeletal muscle satellite cells[J]. In vitro cellular & developmental biology Animal, 2013, 49(10): 785-797.

[24] 鲁明. miR-206对牛骨骼肌卫星细胞分化的影响研究[D]. 东北农业大学, 2013.

[25] Yang YB, Pandurangan M, Jeong D, et al. The effect of troglitazone on lipid accumulation and related gene expression in Hanwoo muscle satellite cell[J]. Journal of physiology and biochemistry, 2013, 69(1): 97-109.

[26] Raimbourg Q, Perez J, Vandermeersch S, et al. The calpain/calpastatin system has opposing roles in growth and metastatic dissemination of melanoma[J]. PloS one, 2013, 8(4): e60469.

[27] Theil PK, Sorensen IL, Therkildsen M, et al. Changes in proteolytic enzyme mRNAs relevant for meat quality during myogenesis of primary porcine satellite cells[J]. Meat Sci, 2006, 73(2): 335-343.

[28] Shenkman BS, Belova SP, Lomonosova YN, et al. Calpain-dependent regulation of the skeletal muscle atrophy following unloading[J]. Archives of biochemistry and biophysics, 2015, 584: 36-41.

[29] Pompeani N, Rybalka E, Latchman H, et al. Skeletal muscle atrophy in sedentary Zucker obese rats is not caused by calpain-mediated muscle damage or lipid peroxidation induced by oxidative stress[J]. Journal of negative results in biomedicine, 2014, 13(1): 19.

[30] Tonami K, Hata S, Ojima K, et al. Calpain-6 deficiency promotes skeletal muscle development and regeneration[J]. PLoS genetics, 2013, 9(8): e1003668.

[31] Smith IJ, Aversa Z, Hasselgren PO, et al. Calpain activity is increased in skeletal muscle from gastric cancer patients with no or minimal weight loss[J]. Muscle & nerve, 2011, 43(3): 410-414.

[32] Kemp CM, Oliver WT, Wheeler TL, et al. The effects of Capn1 gene inactivation on skeletal muscle growth, development, and atrophy, and the compensatory role of other proteolytic systems[J]. Journal of animal science, 2013, 91(7): 3155-3167.

[33] Barnoy S, Supino-Rosin L, Kosower NS. Regulation of calpain and

calpastatin in differentiating myoblasts: mRNA levels, protein synthesis and stability[J]. The Biochemical journal, 2000, 351(Pt 2): 413—420.

[34] Chang YS, Hsu DH, Stromer MH, et al. Postmortem calpain changes in ostrich skeletal muscle [J]. Meat Science, 2016, 117: 117—121.

[35] Shu JT, Zhang M, Shan YJ, et al. Analysis of the genetic effects of CAPN1 gene polymorphisms on chicken meat tenderness[J]. Genetics and molecular research : GMR, 2015, 14(1): 1393—1403.

[36]Chang YS, Chou RG. Postmortem degradation of desmin and calpain in breast and leg and thigh muscles from Taiwan black-feathered country chickens[J]. Jouranl of the Science of Food and Agriculture, 2010, 90(15): 2664—2668.

[37] Geesink GH, Kuchay S, Chishti AH, et al. Micro-calpain is essential for postmortem proteolysis of muscle proteins[J]. Journal of animal science, 2006, 84(10): 2834—2840.

[38] Kinbara K, Sorimachi H, Ishiura S, et al. Skeletal muscle-specific calpain, p49: structure and physiological function[J]. Biochemical pharmacology, 1998, 56(4): 415—420.

[39] Wu R, Yan Y, Yao J, et al. Calpain 3 Expression Pattern during Gastrocnemius Muscle Atrophy and Regeneration Following Sciatic Nerve Injury in Rats[J]. International journal of molecular sciences, 2015, 16(11): 26927—26935.

[40] Fulle S, Sancilio S, Mancinelli R, et al. Dual role of the caspase enzymes in satellite cells from aged and young subjects[J]. Cell death & disease, 2013, 4(12): e955.

[41] Ba HV, Reddy BV, Hwang I. Role of calpastatin in the regulation of mRNA expression of calpain, caspase, and heat shock protein systems in bovine muscle satellite cells[J]. In vitro cellular & developmental biology Animal, 2015, 51(5): 447—454.

[42] Jejurikar SS, Henkelman EA, Cederna PS, et al. Aging increases the susceptibility of skeletal muscle derived satellite cells to apoptosis[J]. Experimental gerontology, 2006, 41(9): 828—836.

[43] Lo SC, Scearce-Levie K, Sheng M. Characterization of social behaviors in caspase-3 deficient mice [J]. Scientific reports, 2016,

6：18335.
［44］Lei B，Zhou X，Lv D，et al. Apoptotic and nonapoptotic function of caspase 7 in spermatogenesis［J］. Asian journal of andrology，2017，19(1)：47－51.
［45］Inserte J，Cardona M，Poncelas-Nozal M，et al. Studies on the role of apoptosis after transient myocardial ischemia：genetic deletion of the executioner caspases-3 and -7 does not limit infarct size and ventricular remodeling［J］. Basic research in cardiology，2016，111(2)：1－10.
［46］Van Ba H，Hwang I. Role of caspase-9 in the effector caspases and genome expressions，and growth of bovine skeletal myoblasts［J］. Development，growth & differentiation，2014，56(2)：131－142.
［47］Shi LS，Wang H，Wang F，et al. Effects of gastrokine2 expression on gastric cancer cell apoptosis by activation of extrinsic apoptotic pathways［J］. Molecular medicine reports，2014，10(6)：2898－2904.
［48］Barnoy S，Kosower NS. Caspase-1-induced calpastatin degradation in myoblast differentiation and fusion：cross-talk between the caspase and calpain systems［J］. FEBS Letters，2003，546(2－3)：213－217.
［49］Osman AM，Neumann S，Kuhn HG，et al. Caspase inhibition impaired the neural stem/progenitor cell response after cortical ischemia in mice［J］. Oncotarget，2016，7(3)：2239－2248.
［50］Yang YB，Pandurangan M，Hwang I. Targeted suppression of mu-calpain and caspase 9 expression and its effect on caspase 3 and caspase 7 in satellite cells of Korean Hanwoo cattle［J］. Cell biology international，2012，36(9)：843－849.
［51］高玲，谷大海，徐志强，等. MRFs基因家族对肉品质影响的研究进展［J］. 黑龙江畜牧兽医，2015(9)：65－67.
［52］刘宁，邓雪娟，王建平，等. 生肌调节因子及肌生成调控因素研究进展［J］. 中国畜牧兽医，2015，42(10)：2644－2649.
［53］Wood WM，Etemad S，Yamamoto M，et al. MyoD-expressing progenitors are essential for skeletal myogenesis and satellite cell development［J］. Developmental biology，2013，384(1)：114－127.
［54］Parise G，McKinnell IW，Rudnicki MA. Muscle satellite cell and a-

typical myogenic progenitor response following exercise[J]. Muscle & nerve, 2008, 37(5): 611-619.

[55] 王秋华，曹允考，李树峰，等. 牛MyoG基因启动子的克隆及功能的初步分析[J]. 畜牧兽医学报，2012，43(1)：37-43.

[56] 王兴平，罗仍卓么，李峰，等. 湘西黄牛Myf5和Pax7基因的SNPs检测及其与体尺性状的关联分析[J]. 畜牧兽医学报，2014，45(9)：1531-1537.

[57] Yoshikawa Y, Mukai H, Hino F, et al. Isolation of two novel genes, down-regulated in gastric cancer[J]. Japanese journal of cancer research : Gann, 2000, 91(5): 459-463.

[58] Suzuki K, Hata S, Kawabata Y, et al. Structure, activation, and biology of calpain[J]. Diabetes, 2004, 53(Suppl 1): S12-18.

[59] Koohmaraie M, Shackelford SD, Wheeler TL, et al. A muscle hypertrophy condition in lamb (callipyge): characterization of effects on muscle growth and meat quality traits[J]. Journal of animal science, 1995, 73(12): 3596-3607.

[60] Ilian MA, Morton JD, Bekhit AE, et al. Effect of preslaughter feed withdrawal period on longissimus tenderness and the expression of calpains in the ovine[J]. Journal of agricultural and food chemistry, 2001, 49(4): 1990-1998.

[61] Delgado EF, Geesink GH, Marchello JA, et al. The calpain system in three muscles of normal and callipyge sheep[J]. Journal of animal science, 2001, 79(2): 398-412.

[62] Bischoff R. Enzymatic liberation of myogenic cells from adult rat muscle[J]. The Anatomical record, 1974, 180(4): 645-661.

[63] Doumit ME, Merkel RA. Conditions for isolation and culture of porcine myogenic satellite cells[J]. Tissue & cell, 1992, 24(2): 253-262.

[64] 王铁敏，代阳，刘新峰，等. 牛骨骼肌卫星细胞的分离鉴定和诱导分化[J]. 中国畜牧兽医，2014，41(7)：142-147.

[65] 蒋学友，张丽，俞晨，等. SD乳鼠心肌细胞原代培养及纯化方法的优化探索[J]. 四川大学学报(医学版)，2015，46(02)：301-304.

[66] Lee DM, Bajracharya P, Lee EJ, et al. Effects of gender-specific adult bovine serum on myogenic satellite cell proliferation, differentiation and lipid accumulation[J]. In vitro cellular & developmental

biology Animal, 2011, 47(7): 438－444.

[67] McFarland DC, Velleman SG, Pesall JE, et al. The role of myostatin in chicken (Gallus domesticus) myogenic satellite cell proliferation and differentiation[J]. General and comparative endocrinology, 2007, 151(3): 351－357.

[68] Hayakawa J, Joyal EG, Gildner JF, et al. 5% dimethyl sulfoxide (DMSO) and pentastarch improves cryopreservation of cord blood cells over 10% DMSO[J]. Transfusion, 2010, 50(10): 2158－2166.

[69] Bian Y, He X, Mu R, et al. [Isolation, culture and differentiation of skeletal muscle satellite cells of Luxi cattle embryo][J]. Xi bao yu fen zi mian yi xue za zhi = Chinese journal of cellular and molecular immunology, 2013, 29(11): 1196－1199.

[70] Uezumi A, Fukada S, Yamamoto N, et al. Mesenchymal progenitors distinct from satellite cells contribute to ectopic fat cell formation in skeletal muscle[J]. Nature cell biology, 2010, 12(2): 143－152.

[71] Harding RL, Velleman SG. MicroRNA regulation of myogenic satellite cell proliferation and differentiation[J]. Molecular and cellular biochemistry, 2016, 412(1－2): 181－195.

[72] Hang YS, Li HZ, Zhang RQ, et al. [Separation and purification of skeletal muscle satellite cells for tissue engineering applications by Percoll][J]. Zhongguo yi xue ke xue yuan xue bao Acta Academiae Medicinae Sinicae, 2006, 28(2): 182－185.

[73] Wang YM, Ding XB, Dai Y, et al. Identification and bioinformatics analysis of miRNAs involved in bovine skeletal muscle satellite cell myogenic differentiation[J]. Molecular and cellular biochemistry, 2015, 404(1－2): 113－122.

[74] Feng YQ, Li Z, Chu WL, et al. [Study on culture, identification and differentiation of primary rat skeletal muscle satellite cells][J]. Zhonghua yi xue za zhi, 2016, 96(12): 971－974.

[75] Chen Y, Wang K, Zhu DH. [Isolation, culture, identification and biological characteristics of chicken skeletal muscle satellite cells][J]. Yi chuan = Hereditas, 2006, 28(3): 257－260.

[76] Talbert EE, Smuder AJ, Min K, et al. Calpain and caspase-3 play required roles in immobilization-induced limb muscle atrophy[J].

Journal of applied physiology (Bethesda, Md : 1985), 2013, 114 (10): 1482—1489.

[77] Bizat N, Hermel JM, Humbert S, et al. In vivo calpain/caspase cross-talk during 3-nitropropionic acid-induced striatal degeneration: implication of a calpain-mediated cleavage of active caspase-3 [J]. The Journal of biological chemistry, 2003, 278(44): 43245—43253.

[78] Yoneyama M, Seko K, Kawada K, et al. High susceptibility of cortical neural progenitor cells to trimethyltin toxicity: involvement of both caspases and calpain in cell death[J]. Neurochemistry international, 2009, 55(4): 257—264.

[79] Stuelsatz P, Pouzoulet F, Lamarre Y, et al. Down-regulation of MyoD by calpain 3 promotes generation of reserve cells in C2C12 myoblasts[J]. The Journal of biological chemistry, 2010, 285(17): 12670—12683.

[80] Matsunaga T, Yamamoto G, Tachikawa T. Expression of typical calpains in mouse molar [J]. Archives of oral biology, 2009, 54 (10): 885—892.

[81] Huttenlocher A, Palecek SP, Lu Q, et al. Regulation of cell migration by the calcium-dependent protease calpain[J]. The Journal of biological chemistry, 1997, 272(52): 32719—32722.

[82] Dedieu S, Mazeres G, Cottin P, et al. Involvement of myogenic regulator factors during fusion in the cell line C2C12[J]. The International journal of developmental biology, 2002, 46(2): 235—241.

[83] Honda M, Hosoda M, Kanzawa N, et al. Specific knockdown of delta-sarcoglycan gene in C2C12 in vitro causes post-translational loss of other sarcoglycans without mechanical stress[J]. Molecular and cellular biochemistry, 2009, 323(1—2): 149—159.

[84] Vaisid T, Kosower NS, Barnoy S. Caspase-1 activity is required for neuronal differentiation of PC12 cells: Cross-talk between the caspase and calpain systems [J]. Biochimica et Biophysica Acta (BBA) - Molecular Cell Research, 2005, 1743(3): 223—230.

[85] Parr T, Sensky PL, Scothern GP, et al. Relationship between skeletal muscle-specific calpain and tenderness of conditioned porcine longissimus muscle [J]. Journal of animal science, 1999, 77 (3): 661—668.

[86] Koohmaraie M, Geesink GH. Contribution of postmortem muscle biochemistry to the delivery of consistent meat quality with particular focus on the calpain system[J]. Meat Sci, 2006, 74(1): 34—43.

[87] Ciobanu DC, Bastiaansen JW, Lonergan SM, et al. New alleles in calpastatin gene are associated with meat quality traits in pigs[J]. Journal of animal science, 2004, 82(10): 2829—2839.

[88] Poussard S, Cottin P, Brustis JJ, et al. Quantitative measurement of calpain I and Ⅱ mRNAs in differentiating rat muscle cells using a competitive polymerase chain reaction method[J]. Biochimie, 1993, 75(10): 885—890.

[89] Yang YB, Pandurangan M, Hwang I. Changes in proteolytic enzymes mRNAs and proteins relevant for meat quality during myogenesis and hypoxia of primary bovine satellite cells[J]. In vitro cellular & developmental biology Animal, 2012, 48(6): 359—368.

[90] Fry CS, Porter C, Sidossis LS, et al. Satellite cell activation and apoptosis in skeletal muscle from severely burned children[J]. The Journal of physiology, 2016, 594(18): 5223—5236.

[91] Kemp CM, Sensky PL, Bardsley RG, et al. Tenderness—an enzymatic view[J]. Meat Sci, 2010, 84(2): 248—256.

[92] Kemp CM, King DA, Shackelford SD, et al. The caspase proteolytic system in callipyge and normal lambs in longissimus, semimembranosus, and infraspinatus muscles during postmortem storage[J]. Journal of animal science, 2009, 87(9): 2943—2951.

[93] Xue M, Huang F, Huang M, et al. Influence of oxidation on myofibrillar proteins degradation from bovine via μ-calpain[J]. Food Chemistry, 2012, 134(1): 106—112.

[94] 杨巧能，梁琪，文鹏程，等. 不同年龄牦牛宰后钙激活酶活性及嫩度指标变化[J]. 食品科学，2016，37(1): 45—49.

[95] 徐瑛. 年龄对牦牛肉肉用品质及钙激活酶活性影响的研究[D]. 甘肃农业大学，2014.

[96] 朱文奇. 高邮鸭、金定鸭胚胎期骨骼肌生长发育的研究[D]. 扬州大学，2014.

[97] Huang F, Huang M, Zhang H, et al. Changes in apoptotic factors and caspase activation pathways during the postmortem aging of beef muscle[J]. Food Chem, 2016, 190: 110—114.

缩略语词汇表

缩略词	英文	中文
DMEM	Dulbecco's Modified Eagle Medium	杜尔伯科改良伊戈尔培养基
DMSO	Dimethyl Sulphoxide	二甲基亚砜
PBS	Phosphate buffer saline	磷酸缓冲盐溶液
BSA	Bovine Serum Albumin	牛血清白蛋白
TAE	Tris base; acetic acid; EDTA	TAE 缓冲液
DAPI	4′,6-diamidino-2-phenylindole	4′,6-二脒基-2-苯基吲哚
FITC	Fluorescein isothiocyanate isomer I	异硫氰酸荧光素
CAPN1	Calpain 1	钙蛋白酶 1
CAPN3	Calpain 3	钙蛋白酶 3
CASP3	Caspase-3	半胱天冬酶 3
CASP7	Caspase-7	半胱天冬酶 7
CASP9	Caspase-9	半胱天冬酶 9
MyoD	Myogenic determination gene	生肌决定因子
MyoG	myogenin	肌细胞生成素
MDFIC	MyoD family inhibitor domain containing	含 MyoD 抑制素结构域
PCR	Polymerase Chain Reaction	多聚酶链式反应
qPCR	Quantitative Real-time-PCR	实时荧光定量 PCR
DNA	Deoxyribonucleic acid	脱氧核糖核酸

续 表

缩略词	英文	中文
RNA	Ribonucleic acid	核糖核酸
mRNA	Messenger RNA	信使核糖核酸
EDTA	Ethylenediaminetetraacetic acid	乙二胺四乙酸
DEPC	Diethy pyrocarbonate	焦碳酸二乙酯
μL	microlitre	微升
μm	micron	微米
bp	Base pair	碱基对
r/min	Revolutions Per Minute	每分钟转速